所谓成长，就是认知升级

壹读/著

江苏凤凰科学技术出版社
国家一级出版社 全国百佳图书出版单位

Chapter 1

穷，
是因为懒吗？

重新认知学习和成长

Chapter 2

单身，
是因为丑吗？

重新认知亲密关系

Chapter 3

自卑，
是因为土吗？

重新认知优雅

Chapter 4

孤单，
是因为无趣吗？

重新认知情商

Chapter 5

愤怒，是因为幼稚吗？

重新认知社会文化

CHAPTER 1

穷，是因为懒吗？

重新认知学习和成长

你穷，是因为你懒吗？

“勤劳致富”这个口号响了几十年。那么，懒和穷天生就是一对相生相依的双胞胎吗？勤劳就一定能致富吗？换句话说，穷是不是懒导致的？懒和穷有必然联系吗？

数字显示，穷和懒不见得一定有关系

穷的地方不一定懒，富的地方不一定勤快，这是有数据支撑的。据调查，2012 年中国城市人均 GDP 排名前十的城市分别是澳门、香港、克拉玛依、阿拉善、鄂尔多斯、东营、大庆、包头、无锡和海西，大多是靠石油、煤炭等自然资源起家的城市；而同年中国城市日均工作时长排名前十的城市是广州、杭州、上海、深圳、郑州、青岛、北京、武汉、南京和天津，两者无一对应。

落到个人身上来看，每周工作时间最长的职业是什么？不是程序员，而是住宿和餐饮业劳动者，平均每周工作 51.4 小时；紧随其后的是建筑业从业者、居民服务、修理和其他服务业，这都与我们所知道的“高薪职业”不搭边。

而国民比较“懒”的国家也有可能和“勤快”的国家一样有

钱，或者更有钱。据经济合作与发展组织资料显示，2011年全球人均有偿劳动时间最长的是日本，平均每天有偿劳动6.3个小时；最短的是丹麦，为每天3.75个小时。同年日本人均GDP为42 983美元，丹麦是60 011美元。

是的，从数据上看，丹麦人可能真的懒了点，但这里人口少、工业化早、高科技产业发达，还有很重要的一点是，受两次世界大战的影响小，天生条件优越，“懒”也妨碍不了它富。

工业革命刚开始，勤劳的穷人就出现了

历史上很长一段时间内，空闲是统治阶级、有钱人和权力的象征，资本集中在这一部分人手里，他们用钱雇佣别人来做他们认为是繁重而机械的重复性工作。

与此同时，亚里士多德认为，劳动是不光彩的，而休闲则有关德性，中世纪宗教文化也认为休闲是为了侍奉上帝，加之拥有土地的贵族们也不必投入很多时间去换取收入，导致封建社会中的富人们有恃无恐地享受着悠闲。

直到16世纪宗教改革，新教徒将在世俗职业里履行职责评价为个人道德实践所能达到的最高形式，体力劳动才被所有人包括富人们从文化上接受。

而工业革命期间，资本的增值需要尽可能多地吸纳劳动力，为了实现利润最大化，追求功利主义的资本家想方设法迫使其雇佣的

工人尽全力去工作，大大挤压了人们的空闲时间。尤其在科技尚不十分发达、商业也未成系统的年代里，劳动力是最唾手可得的生产要素，多来点工人，或者增加工人的劳动时长，产出就上去了，而这也是劳动密集型产业提高生产效率的有效办法。

拿英国来说，工业革命时期的英国干劲十足：圈地运动后大量农民涌入城市，成为工业社会的劳动者，童工的价值被挖掘，不断增多的就业机会加速了人口增长，这些因素都大大降低了劳动力价格。到了工业革命后期，机器几乎完全取代了手工劳动，一时间劳动力过剩，失业人口急剧增加，人们更加穷困潦倒。

那时的纺织厂工人每天从上午五点半工作到晚上八点，每周可以得到约 11 先令。这笔钱可以维持一个 5 口之家的温饱，却很难有什么积蓄。苏黎世大学的研究人员发现，1800 年英国工人平均每周工作 64 小时，而在 19 世纪，家境越差则工作时间越长，甚至可以通过一个人的工作时间长短来判断他们的家境情况。

有钱人勤奋，可能主要原因是有钱

半个世纪以前，经济学家曾预言，由于机械化和自动化的不断发展，人们将面临一种“流行病”——无处安放的休闲时间，那时人们可能一天只用工作 3 小时。几十年过去了，情况恰恰相反，人们仍然在越发辛勤地工作，而其中很大一部分是相对不那么缺钱的人。

牛津大学研究发现，20 世纪 60 年代以来，富人的工作时间大大增加。一项研究发现，1979 年，美国收入水平最低的那 20% 的人比收入最高的那 20% 的人更有可能 1 周工作超过 50 小时，而到了 2006 年，情况反了过来，收入最高的那部分人中，1 周工作超过 50 小时的是收入最低的那部分人中的 2 倍。

更多不同的研究都印证了这一点：工资更高、技能更高、教育水平更高的人工作时间比其他人更长。这个问题一直困扰着经济学家：为什么有钱人反而更加辛勤劳作？

研究者们给出了不同的解释，其中一种是这样说的：更高的工资意味着你的假期也更“贵”，每休一天假就等于你白白放着一大笔银子不赚。20 世纪 80 年代以来，最有钱的那部分人的工资大幅增长，但工资在平均水平以下的人，其工资增幅几乎停滞，这种薪酬增长的不平衡鼓励有钱人做更多工作。而本来工资就低的那部分人，他们即便不休假，得到的奖励也不多，自然不愿也没有更多必要去加倍辛勤地工作了。

除了雇主在经济上给予的刺激不同，现代市场经济制度“赢者全拿”的竞争性特点也导致了工作时长的这种分化。举个简单的例子，一个公司里工资最高的一般是大老板，这能激发很多人更加辛劳工作，朝着这个位置奋斗。这个时候人们辛勤工作不是为了眼前的利益，比如明天可以拿到多少加班费，而是为了一个长远的目标，最后赢者通吃。

而在现代社会中，知识密集型的工作越来越多，枯燥的纯体力工作已经越来越少了。如时装设计这种既有挑战性又有创造性的工作让更多人愿意在办公室里被“剥削”。工作是收入较高的人们获取满足感的方式，他们并不像体力劳动者那样需要那么多的假期。

事实上，社会学的研究已经发现，让人们感到最不开心的职业往往存在于手工业和服务业等一些几乎不怎么需要技术的行业，而那些能启发人们思考的工作能让人获得更多享受。“休假”和“空闲”这样的词在以前几乎是地位和权力的象征，但现在越来越多受过高等教育的人倾向于把“空闲”视作懒惰和失业的象征。

2006 年的一项研究表明，年收入少于 2 万美元的人，平均花了超过三分之一的时间在看电视等“消极休闲”方式上；而年收入超过 10 万美元的人，平均只花了少于五分之一的时间在这些“消极休闲”上。所以，某种程度上说，“比你有钱的人还比你努力”这种说法，还真不是瞎诌。不过，这并不能证明一个人穷就是因为他懒造成的。

会开会，才有未来

年会可能是许多上班族们在春节假期前最关心的一次会议。在这次会议上，大家伙会因为这一年的工作表现而得到一个或大或小的红包（当然，也有公司是没有这个项目的）。在这次会议中，老板会把员工们聚集在一起，总结过去一年公司的运营情况，员工的个人表现，当然，最重要的是一起吃吃喝喝，发发红包。不过，在所有类型的会议中，即便是听起来最为轻松有趣的年会也承载着不少重要作用：巩固上下关系、耕耘企业文化、化解潜在矛盾、鼓舞士气、留住人心……

所以说开会很重要，可以说是人类的伟大发明。接下来，咱们就来说说人类为什么需要开会？

不会开会的都被会开会的灭掉了

人类之所以和动物不同，是因为人类会开会。

毕竟，我们还听不懂动物的语言，也不知道动物有没有语言，所以，我们也没有看过动物开会。而会不会开会，在物种演化中有着生死攸关的作用。不会开会的动物始终还是动物，而不会开会的人类差不多已经被会开会的灭掉了。

通常在《动物世界》或各类有关动物的纪录片中，我们能看到最类似开会场面的动物集体行动，就是狼群围成一圈的时候。但即使是最有群体性的狼，也都是由头狼发号施令，狼群跟着嚎叫。即使有个别年轻狼不服从，挑战头狼，它们之间的交流，翻译出来最多也就是“瞅啥瞅”“瞅你咋地”——然后一场厮杀就开始了。狼群内部发生斗争，是不会安排开会、讨价还价达成共识的。

不会开会，群体遇到矛盾问题，就只能暴力解决，总体能量受损，闹不好还会造成族群分裂。而开会则显示出了巨大的优势，既解决了问题，提高了群体战斗力，又避免了内部损耗。所以说开会的能力，就是组织力，就是生产力，就是战斗力。

一部人类史，几乎就是一部开会能力不佳的人类不断被灭掉的历史。著名的印加帝国灭亡，就跟不善于开会有很大关系。

对于这一事件，大部分主流历史教科书都在强调西班牙殖民者的船坚炮利和阴险狡诈，强调“落后就要挨打”这一理念。但事实上，当年西班牙人使用的火枪，即便是最熟练的枪手，也得要半分多钟才能装弹完成；即使发射成功，有效射程也仅有 100 米。半分钟之内，任何一个有经验的武士都能用弓箭长矛将对手击毙。190 人“之众”的西班牙大军倾巢而出，进入印加首都，而那里的印加帝国军队有 8 万人。

而自从印加国王在见面仪式上被西班牙人俘获之后，整个印加军队就陷于混乱和崩溃了。事实上，在这场短兵相接中，历史教科书中说的欧洲人的天花还来不及传给印加人呢。美国人类学家戴蒙德在《枪炮、病菌与钢铁：人类社会的命运》中分析认为，恰恰是印加人在猝然失去发号施令者——国王之后，没有紧急开会，临时磋商替代方案的弱开会力，导致整个军队虽有数万人，但压根儿就是乌合之众，一盘散沙，最终庞大的印加帝国被 190 人的西班牙小队所灭。

而整个南太平洋世界，包括澳大利亚在大航海时代之所以被那几个来自欧洲的小帆船摧枯拉朽一般征服，其中原因之一也在于，岛人没有发展足够成熟的农业，因此也就没有足够多的余粮来养活一个不从事劳动的人群。换言之，他们压根儿就没有常设会议组织，一旦面临巨大变化，就不可能有效组织起来，进行对抗。

问题是，什么叫超级能开会？

几乎不会开会的被会开会的灭掉了，而会开会的人类之间，开会能力强的又基本都战胜了开会能力偏弱的。

在古代东亚大陆上，时常有大国邀约各国举办和平国际峰会的盛事。而这些会议的召开，往往意味着某一个新的霸主的诞生和出场，比如葵丘会盟就意味着春秋五霸之一齐桓公的出场。

一场会议，就能奠定霸权？通常在人们的心目中，开会其实只是一个形式，真正解决问题的是实力，会议只不过是用来宣布结果的一个形式。从某种角度而言，这有一定道理。但开会绝不是简单的走走形式，宣布早已讨论好的结果。因为开会本身也是力量动态较量的现场。而在古代，能不能到会，更是一个决定命运的大问题。

就说这个彻底奠定了齐桓公霸主地位的第二次葵丘会盟，到场开会的有齐、鲁、宋、卫、郑、许、曹等各诸侯国的首脑。事实上，这是一个相当有意味的名单，齐桓公当了霸主，但会场上有好几个大国并未出现，比如西边的秦国、南边的楚国，还有中原偏西的晋国。而那些出场的国家，不是他的铁杆盟友如鲁、宋、郑之类，就是一些到场必定热烈鼓掌的国际友人、弹丸小国，比如卫、许、曹。

但恰恰就是这样的格局，对他获取霸权造成了最佳态势。因为即使秦、楚、晋要武力反对齐的霸权，在开会之后，每个国家都需要单独去面对一个由好几个大大小小国家组成的联盟了。而如果这几个未到会的大国要联合起来反对齐国为首的联盟，那么他们之间也需要开一场会，这在时间和机会效率上又被齐国占了先机。

换言之，齐国通过一场在时间地点和过程都精心策划了的国际峰会，及时放大了自己的国家能量，对其他竞争对手构成了压倒性优势。

到会或不到会，构成了信息上的不对称，也会造成国际地位的某些微妙变化。而在没有电信业务的古代，不到会造成的信息缺失往往是致命的。

再以葵丘会盟为例，当时秦国、楚国因为被算作蛮夷，未在邀请之列，当然这也是技术性的排除。而晋国这个有着接近齐国力量的大国，并未到场，其实是一种更为技术性的排除。

当晋献公千里迢迢坐车到了半路，在路边停下方便之际，对面来了一辆周天子王室的外交车辆，车上是王室外交大臣宰孔。宰孔对兴冲冲跑到半途的晋献公说，您就别费劲去啦，国际峰会早就结束了。晋献公一听，齐国开会居然不给他一个准确时间，也不等他赶到就散会，于是愤然打道回府了。

其实那时候，峰会还在进行中，宰孔只是因为齐桓公要僭越礼规去泰山封禅而提前离会的。这晋献公一则年事已高，另外又觉得自己在国际上受人轻视，回国之后就郁郁而亡了。随之而来的是晋国内乱，齐国派军干预。会开会的齐国好生生欺负了一把不会开会的晋国。

还敢开会睡觉？不尊重开会是要吃大亏的

信息足够真实和足够快速的有效流动，在一个集团、一个部门的内部怎么通过合适的会议制度和会议文化来保障，也是人类历史上性命攸关的事情。

半个多世纪之前，日本海军在浩瀚的太平洋上，以珍珠港全胜那样有利的开局，却急转直下，步步受制于美国，除了整体国力的差别之外，几次战场临时会议也是胜败关节所在。

中途岛一役，作为主力攻击航母群的指挥官南云忠一将军在发现美军航母而轰炸机都已经装载了原本准备轰炸中途岛的炸弹（对地）而不是鱼雷（对舰）时，完全不听从会议上作战参谋要求飞机不要换装弹药、立即起飞的意见，按照教科书般的刻板流程让飞机换装，结果搞得满甲板炸弹和鱼雷，四艘主力航母直接被美国航空兵击沉。

而在日军做最后一搏的马里亚纳大海战中，小泽治三郎将军直至美军的最终一击之前，始终以为日军航空兵已经击沉了美军主力航母——因为那些飞行员回来就是这么说的。

这些刚应征而来的菜鸟飞行员，压根就不敢像之前已经没了的资深飞行员那样，会在战场评估会议上对着指挥官直接说出作战方案有问题，攻击无效等意见。那些年轻的飞行员，在斗志昂扬，充满团结胜利精神的氛围中，除了鼓掌就是高喊胜利。

事实上，开会就是人类各部落、各民族、各集团组织机器的整体调制，调制不良的，自然效率较低，被更高效的逐个消灭。

所以别只想着能吃吃喝喝的年会，下次再遇到开会这种情况，就算一点也不好玩儿，还是要认真考虑一下究竟该不该去，你怎么知道它不会改变你的命运？

弱者，要弱得理直气壮

我们时常会做出一些让自己不情愿的选择，最大的原因可能就是不想表现得像在欺负弱者。为什么在生活中我们总会遇到这样或那样以“保护弱者”为名让我们打落了牙往肚里吞的主动吃亏情况？接下来我们就来看看，为什么会“你弱你有理”？

对弱者的同情是怎么回事？

对于弱者，人们总是充满同情。看到别人家的孩子被人贩子掳走，想想自家的孩子，太可怕了，这种心情“你没孩子你不懂”；看到相隔万里的某地发生海啸，民不聊生，你恨不得钻到电视机里面帮他们重建家园——即使你正在失恋的阴影中为下个月的房租发愁。

人类之所以会对同类乃至其他生物的困难处境产生类似的感觉，并因为这种类似的感觉而受到对象的影响，就是因为人脑中先天存在着“镜像”系统。

镜像神经元在相同的情感性大脑回路中，会被自动激发去感受他人的痛苦。因为自带了善解人意的镜像神经元，所以乐于助人，帮助弱小真不是雷锋叔叔留下来的传统，是你天性如此。然后，同情和恻隐之心就会一路小跑蹦跶出来，再然后就是亲社会行为了——比如，给老幼病残孕或抱小孩的乘客让座或在天桥上留下一枚钢镚。

可是，如果事情可以简单到因为镜像神经元，所以人人都必将献出一点爱的话，世界就真的会变成美好的人间了。现实是，从镜像神经元共情，到产生恻隐之心，再到做出亲社会行为，还有很长一段路要走。

最明显的例子是，看到一只活蹦乱跳的小鸟死在自己面前，你心里会生出无限悲凉与敬畏，说不定还会虔诚地将它埋葬，但看到每年多少鸟被猎杀的统计数字时，你反倒无动于衷了。

为什么会这样？因为同情针对的是具体的对象。有实验表明，当要中大奖的人分一部分奖金救济抽奖落空的人时，告知他们各自具体的救济对象是谁，会让他们多给 60% 的钱。也就是说，只有当我们感受到切实的伤害与无助后，内部的同情机制才能被触发。

我们在什么时候会选择同情?

可是，有时候，看着别人受苦，我们还是会选择漠然，比如，不是每次过天桥时，你都会停下来掏掏口袋。因为，虽然看到的都是同样具体的悲伤与无助，但你不是每一次都会想到大家同为人类，共住一个地球村的情谊——也就是说，或许那一瞬间你并没有把他们当作自己人。

对于受苦受难的人，我们会自动把他们分为群体内和群体外。看到群体内的人受伤害时，我们就会同情心爆棚；但看到群体外的人受到伤害时，不仅不会产生同情心，还会产生轻微快感。对，就是会产生轻微快感……

多伦多大学的噶特赛尔和因兹利奇对两支足球队的球迷进行电击，监测其大脑活动，结果发现当参与者看到自己人（也就是同为某一支足球队的粉丝）被电击时，大脑活动模式与自己被电击相似，主要是前岛叶起反应；但看到另一支球队的粉丝被电击时，前岛叶活动迅速减弱，伏隔核却兴奋起来——这个脑区正是奖赏回路的一部分——那一瞬间他们很诚实地感到有点爽。

看到同伴被电击时，有 60% 的可能想要去代他受罚，但对“别人”就没这么伟大了。

球迷面对本队球迷与外队球迷被电击时的不同反应

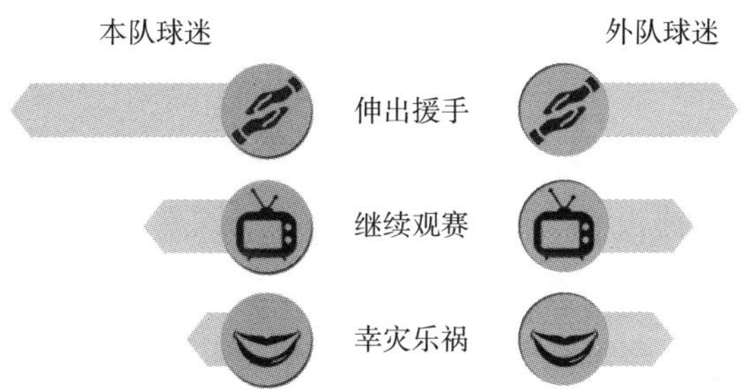

最强者生存的结果可能比较糟糕

这个事情往小了说只是你个人的幸灾乐祸，往大了说就是奴隶贸易和种姓制度的根本原因。

正是因为我们没法像宗教中说的那样，打心底认同“we are family”，因此对生存资源的竞争从来没有停止过。但是无序竞争的结果就是，只有最强大的人通吃，然后又被更强大的人干掉……这种混乱无序的竞争的结果，肯定是大家都活不下来。

在“你强你有理”的世界里，多么猛的人也活不下来。于是，人类社会需要通过立法和教化来保护弱者，维持秩序。

举个例子，中国古代的契约法律制度就会通过加重买方经济责任来保护弱者。《宋刑统》规定：“诸家长在（在谓三百里内非隔阂者），而子孙弟侄等不得辄以奴婢、六亩、田宅及财物私自质举，及卖田宅。（无质而举者亦准此。）其有质举卖者，皆得本司文牒，然后听之。若不相本问，违而辄与及买者，物即还主，钱没不追。”

这段话是什么意思呢？就是说那些不肖子孙如果未经家长同意私自把房子、土地卖给你了，对不起，你不仅要把买来的东西完璧归赵，当时买东西付的钱款也不能要回来。你一定想说：“一个愿买一个愿卖，啥错没有！凭啥？”就凭你比较有钱。想想，一般人不到万不得已是不会变卖田宅的，一般能买一座田宅的，也不会是穷人，所以一弱一强之间，律令就毫不犹豫地倒向弱者一方。

从“物竞天择，适者生存”的大框架来看，保护弱者这种利他行为貌似是巨大的违和。蜜蜂为了保护群体会蜇外来者而自己死亡，汤姆逊瞪羚在捕食者来的时候对群体发出警告，吸到血的蝙蝠会分享血液给没有吸到血的蝙蝠等，一切现象表明，这种保护弱者的行为不光人类有，动物也有。

到底这个不搭调的问题是怎么来的呢？有可能是“自私的基因”使然。在这个理论下，生物的任何行为都是基因控制的，而基因的目的，就是尽可能复制自己。在这个作用下，我们除了会保护自己弱小的后代，在群体之中，别的个体跟我们有相同的基因，一定程度上的利他行为也能帮助我们保存我们的基因。

“你弱你有理”是弱者的武器

随着人类社会的逐渐发展，道德开始显现。

19 世纪，爱尔兰历史学家勒基提出了“扩张中的圈子”的概念。这个概念指出，当人的圈子不断扩大的时候，道德感的发展也会从仅限于自己的家族亲人，随后逐渐扩张到身边的朋友、自己的群族、阶级，然后扩张到同一个社会里的人、同一个民族里的人，最后扩张到整个人类。

这个概念很明确地表达了一种“道德进步”：道德关怀的范围在扩大，受到道德考量的对象愈来愈多，就构成了一种道德上的进步。以前被视作异己而受到提防和伤害的人，正逐渐成为我们的同类，进入了道德考量的范围，从而其利益必须受到我们的正视。

哈佛大学心理学家史蒂芬·平克认为，人类的历史就是暴力逐渐减少的历史。他列举了六项趋势作为指标，其中第六项趋势谈的就是人类因满足一己需求对少数族群、弱者、异类施加的暴力，经由所谓的“权利革命”，正在急剧降低。人类历史发展到今天，对于少数族群的暴力、性强暴、家庭暴力、体罚、虐待儿童、校园的暴力、仇视同性恋以及针对同性恋的犯罪，都在明显减少，并被视为不可接受。

道德的力量导致了这种结果，但也在一定程度上对人产生了束缚。尼采曾经说过，道德是弱者用来束缚强者的工具。弱者为了避免强者有损于其利益而做出了道德的约束，这种道德的约束令个体更加趋附于集体，通过集体合作提高生存的概率。

而道德在某种程度上被强者当作温和剥削弱者的工具，加强了弱者的反抗阻力，为社会的发展和延续、维持既得利益者的地位做贡献。

所以从社会整体的意义上说，“你弱你有理”并不全是坏事，它是人类社会自我协调的一种方式，维系了人类社会的发展。我们不能因为“你弱你有理”就仇视“弱”，却要因为“你强你有理”而警惕“强”。

脑科学与有效阅读法

如今人们读书的时间越来越少了，有时候就算抽出点儿时间，一时兴起看了几页书，可能过不了多久就全忘了。为什么读过的书，我们总是忘记它说过什么？

记忆刚开始的地方是一群神经细胞互相勾搭

除了你读过的书的内容，你同样不记得的还有你 4 岁以前的事。活了这么久，什么都记得，你想让大脑累死吗？

首先，让我们来看看人脑为了防止“一个头两个大”，是怎么帮你决定要记住什么，又要忘记什么。

记忆产生的时候，神经细胞就开始忙活了。这些神经细胞快速从自己皮球一般的身躯中伸出许多长短不一的手臂，一条手臂又伸出无数个小指头来，伸向相邻细胞的手臂。这种结构叫突触，就是指本来什么关系都没有的一些神经细胞，通过互相勾搭有了联系。

比如说出现在你眼前的书页，有字，有配图，图里有蓝色的天空和一个放风筝的小孩——不同的神经细胞各司其职，有些对蓝色特别敏感，有些负责风筝，有些负责小孩……这些细胞互相联结并交换信息，形成一个四通八达的网络，然后把这些信息传输到视觉中心，拼在一起——导致你的脑海里出现了这个完整的画面。

说不定你看书时正值午饭时间，你闻到了阵阵饭香，看到书中一段文字觉得很好笑，于是笑出了声……而这统统都被嗅觉神经和听觉神经捕捉并瞬间传到了大脑深处的嗅觉中心和听觉中心。

所有的中心都互相交换信息，这一刻你的一切感官知觉都被织成了一张神经联络网。而在你大脑最深处的一个地方，有一个拇指般大小的东西，它叫海马，对，就是下图中的这个部位：

大脑深处的区域——海马体

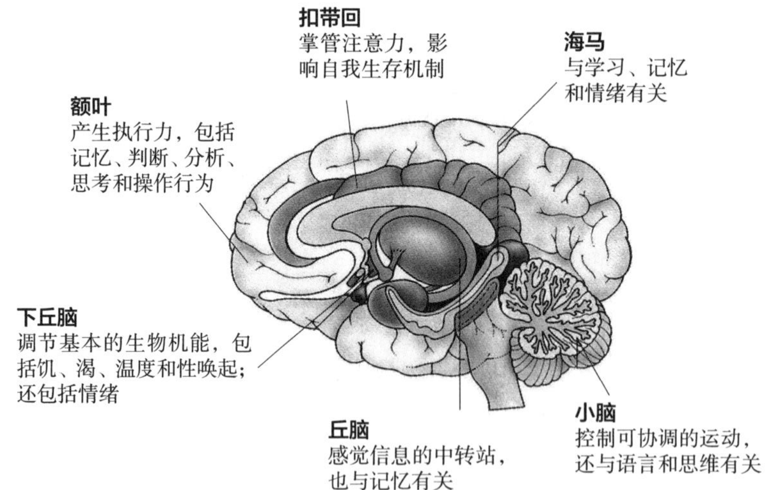

就是这个比你的肾要小很多很多的组织，把所有的信息中心联结在了一起。

关系越多，越容易被记住

当你第二次再看到相同东西的时候，同样的神经细胞就会受到刺激，然后跟第一次的路径一样再传递进大脑。同一个“神经网络”被使用的次数越多，它就被编织得越紧——神经细胞向相邻细胞伸出更多的指头，并更快地传递信息。当这个神经网络被联结的紧密程度被海马注意到，海马就会对它印象深刻，并记住这个网络。

同样，如果你有意或无意地回忆起书中的内容，原本已经紧密的神经网络以及它们的联系就再次变得更紧密一些。

所以说，如果一个事情足够重要，足够到神经细胞总是接受相同的刺激，你就不会忘记它。

而你看书时闻到的饭香、发出的笑声有什么作用呢？这两样东西和你那时读过的东西在大脑里互相联结在一起了，牵一发动全身，只要一部分神经网络在传递信息，整个神经网络也会被牵动。这些饭香、笑声的再次出现让那个神经网络又一次受到刺激，联结又紧密了一步，这些印象在大脑里也就记得更深。

但是很有可能你在读书的时候，所有这些饭香、笑声都没有发生，你只是静静地、静静地坐在那里看书，看的过程中也没有开个脑洞联想到别的什么事情，读过之后，你既没有去跟人谈论你读过的这本书，也没有时间和闲情再重复看几遍，更没可能在整天忙得打乱仗的情况下“有意或无意地”想起书中的内容，于是本来勾搭好了的神经细胞没有机会继续巩固这段情谊，还要忙着勾搭别的细胞，书本里的内容就这样被淹没在浩瀚的神经细胞网络世界中。

换句话说，你白念这么些书了。

看过的东西为啥容易忘

到这里，你可能有一个疑惑：我明明在看这本书的时候状态很好啊，它解决了我刚好想问的问题，我这样兴奋，大脑难道没有留意到吗？为什么过一段时间我又完全记不起自己读了些什么？

记忆这个东西起先是归海马管，之后由大脑皮层管——当海马将记忆储存到一定的时候，就会将它们交给大脑中别的区域，这些区域位于大脑皮层内。这些印象是如何到达那里的，这一点现在还没办法弄清楚，反正其中的某些印象被你终生保存在那里。

所以很可能出现这样一种情况，在最初形成这些记忆的时候，你感觉到非常流畅，往高雅了说是醍醐灌顶的感觉，用俗话说就是膝盖上中了一箭的感觉。但当你的阅读告一段落，你没再想着它的时候，这部分内容会搬个家，转化成归大脑皮层管的长期记忆。当你下次再想起这本书的时候，需要一点点从长期记忆里提取出来，这个过程有点费劲，会产生一种“卡住”的感觉。

沮丧感就是这个时候来的。而且相隔的时间越长，这种“卡住”的感觉越严重。于是很多人觉得，读那么多书有什么用，最后还不是要忘掉？

然而，不止一项研究表明，相比于在一段较长时间内吭哧吭哧地集中式学习，经过若干时间间隔、分多次读书的分散式学习能让记忆更持久。

神经细胞是不断新陈代谢的，而新泽西州立大学 2007 年的一项研究表明，相比一鼓作气地集中型学习，分散型学习能把海马中神经细胞从死亡的边缘拉回来，让它们活的时间更长一些，从而增进记忆强度。

日本的科学家在 2013 年发现，经过分散型学习训练的小白鼠，它们大脑中与记忆力紧密相关的神经细胞会在训练结束后 4 小时内发生结构性改变，以促进记忆的生成和巩固，但经过集中型训练的小白鼠则需要几天时间来完成这一过程。

而且，从长期记忆中提取记忆的过程因为难度大，意味着你在这个过程中要付出更大的强度，这个强度就会增加记忆的牢固性。

所以，读过就忘，不是不读书的理由，至少读书可能在一定程度上，让你在走向老年痴呆症的不归路上走得慢一些。

很多灵感来自于白日梦

一年四季，按照古人的说法，好像没有不困的时候。春困过了有夏乏，春困夏乏过后，还有秋盹冬眠。

不可否认的是，困意这东西确实神秘任性，想出现时就出现，该出现时常常反而不出现。你为什么总犯困？犯困是件好事儿吗？我们又该如何正确犯困？

无聊犯困是咋回事？

上班犯困、开会犯困、坐车犯困、无聊犯困……大白天里，睡意屡屡引诱人进入它的怀抱，我们一次次在抗争与沦陷的交替循环中度过充实又有意义的一天。

困意袭来确实像一个斗争的过程。在你的身体里有一对相爱相杀的神经系统——交感神经和副交感神经。交感神经在人处于紧张状态的时候变得活跃，调动许多器官的潜力来应付环境的急剧变化，比如让人心跳加快，瞳孔变大；而副交感神经则在人处于平静状态时占优势，做出与交感神经相反的调整来维持你就想安安静静当个美男子时的生理需要。

当你感到无聊，或者对正在做的事完全提不起欲望和动力时，来自外部的刺激少了，大脑的活动也会减少，交感神经的兴奋劲被打压，大脑收到信号：可以休息了！

与此同时，大脑开始主动指挥各部门为睡眠做准备工作，发出信号让自己和身体其余部分安静下来，让睡觉成为可能。

餐后嗜睡真的是大脑供血不足引起的吗？

饭后犯困可以说是犯困界的带头大哥。我们经常听到一种言论，解释说这种现象是大脑供血不足造成的，因为吃完饭后血液都流到胃里，投入到消化工作中，于是人陷入混沌状态。

这个说法乍一听还是挺合理的，但是细思极恐啊，大脑供血不足？怎么看都很严重的样子，后果只有犯困这一种情况吗？

事实上，没有证据表明饭后大脑内血流量减少，而生理学上有一个大原则是“再苦不能苦大脑”，大脑的供血量是首先要保证的。

针对饭后嗜睡这一现象的研究很多，结论也不少，这里我们挑几个主流的讲一讲。一种研究认为，这是交感和副交感神经又杠上了的结果！吃过饭以后，副交感神经的兴奋占了上风，发挥它保护机体、储存能量的功能，解决方法就是赶紧让交感神经兴奋起来，找点能让你兴奋的事情做。

饭后睡不睡还和大脑分泌的一种激素——食欲素有关。对，就是会提升你食欲的一种激素。研究发现，当食欲素含量低下时，人就会觉得昏昏欲睡，不想运动；而食欲素含量高的时候，人会变得清醒且活跃。吃完饭后血糖水平会升高，抑制了食欲素的分泌，人就容易变得困倦。

此外，还有观点认为，蛋白质的摄取能刺激食欲素的分泌，所以要多吃肉，又或者控制血糖处在合理范围内的胰岛素在分泌后经过一系列变化也会使人困倦，所以别吃太多……

犯困的福利

人每天都要面对这么多犯困陷阱，那么，困这种东西究竟有什么好，能让大脑频频处于犯困状态？

很遗憾，关于为什么我们需要睡觉解困的问题至今没有确切的解释，科学界仍需努力。但科学家们提出了不同的设想，比如为了休息、为了修复、为了排毒、为了做梦、为了学习等。

2007 年发表在英国《自然神经科学》杂志上的一项研究表明，如果你在临睡前不久恰好学了什么新东西，在你睡觉期间的某个阶段，大脑会非常活跃，似乎在帮你复习巩固。研究人员发现，一只在学习如何走出迷宫的小白鼠入睡后，大脑中进行着和它在走迷宫时一样的活动——小鼠的脑袋在“重走”这个迷宫，帮助它巩固记忆。研究人员设法让一部分小鼠的大脑无法“重走”，第二天小鼠们醒来后再次走迷宫，在睡梦中“复习”过的小鼠明显比没“复习”的表现更好。

除此之外，打个盹还能在“顿悟”上起到“神助攻”作用。研究发现，当人们在解决一个问题时，先开始兴奋的脑细胞集中在一块较小的领域，而在大脑放松一下之后，细胞开始与离得较远的细胞产生新的联结，随后“顿悟”的时刻就到来了。

更多的研究发现，睡过一觉以后，大脑内细胞的联结会经历一次重组，人们看问题的视角会发生改变，更容易发现新的好办法解决问题，避免沿着睡觉前的路径钻牛角尖。

所以，很有可能在你休息放松的时候，大脑一直在默默地琢磨你最近挂在心上的事，然后看看怎么把它和其他你已经储存了但没被调用出来的记忆联结在一起，帮助你解决掉眼前这个难题。

在你想困的时候，再多努力它也不会放在心上的

所以困是个好东西，只要不是因生理疾病引起。但我们又经常遭遇该困的时候不困，不该困的时候瞎困这个难题。如果该困的时候不困怎么办呢？

困是什么感觉我们都知道，但没人能说得清每次睡觉自己是如何从“困”过渡到“睡”的。你越关注“睡意你快点来”，它偏偏就越不来。越睡不着的时候越不能集中精力“努力睡着”。睡意只会在你没有留意它时，才会偷偷溜出来。失眠症的一种情形就是患者不停地担忧自己如果一直睡不着会产生的种种后果，例如影响第二天食欲、容易发怒等，结果则是在各种焦虑中越来越清醒。

不仅仅是沉迷在睡不着的焦虑中容易睡不着，沉迷在任何事的焦虑中都会干涉睡意的到来，所以睡前不宜想任何带有情绪的内容。

碎片化阅读，
你只是假装在学习

没有时间读一本书？没有精力读长篇文章？没关系，一张图或者一个动画短片就可以让你更轻松和无障碍地获取知识。

然而，静下心来细细想想，我们可能都曾产生过类似感觉：明明感觉有无数信息存在记忆里，但就是抓不住。看过那么多信息，都到哪里去了？

在这个互联网改变一切的时代，人们获取知识的途径花样百出，有不少方式都替代了以往的书本阅读：逛微博、刷微信、看视频……以信息量来算，我们的阅读越来越多，而且远多于以往的书本阅读。

碎片化信息和严肃阅读有什么不一样？

“知道”不等于“理解”！这些碎片化了的信息，因为字数的限制和阐述的绝对简化，往往不够严谨。简单来说，碎片化信息就是有人将深刻复杂且严谨的知识嚼烂了，再用他自己的方式表达给你听，但这过程往往掺杂了不少他的个人观点以及简化了逻辑推导的部分。也就是说，你很有可能从他的文章中知道了 A 导致了 B，但是你却没办法了解到为什么 A 和 B 之间存在因果关系（因为他省去了论证的过程），以及没办法恰当准确地推导出未来 A 和 B 会发生什么关系。以此类推，你无法知道 C 和 D 是什么关系，也不知道 A 和 B 是什么关系，从而无法将所有的信息构建成一张知识网络。

书本阅读则要深刻得多。在阅读的过程中，你会不断跟着作者对一个问题发生的原因、未来发展的状况、其他事物的关系等进行系统化的逻辑思考。慢慢地，你可以从中捋出一条思路，有时候更是能够触类旁通，和其他学科的知识来个水乳交融，融会贯通，颇有打通任督之脉的意思。从这个意义上来说，我们获得的就不仅仅是“知识”，更是“智识”。这一过程，你会带着思考去理解和判断这个问题存在的背景、原因、合理性等。

接下来给大家介绍一位学霸。这个人出生在英伦三岛，但他是一个加拿大人，可见人家移民移得有多早。这个人叫作阿瑟・黑利，参加过二战，还是皇家空军。阿瑟・黑利是一个以内容见长的作家，他的作品节奏紧张，信息量大，逻辑清晰，读起来令人着实受益匪浅。根据他的小说改编的电影引领了好莱坞的灾难片风潮，改编的电视剧创造过历史的最高收视纪录，入选了 MBA 教材。他的书还被翻译成 38 种你知道和不知道的语言出版。据了解，他三年出一本书，写每本书前，用一年去了解一个行当，再用一年去构思内容，再用一年去撰写，这样计算，相当于每天只写 600 字。

我们来看看他的作品《烈药》。《烈药》讲述了一个药品研发的专家，研制了一种可以让所有孕期中的准妈妈们消除每日清晨、饭前的呕吐感的良药。巧的是，研发者本人可爱的孙女也正在孕期，为了让这种药及早上市，这个研发者做了他当时从良心和对职业技术巅峰的追求上能做的一切努力。更不巧的是，医药公司为了追逐巨大商业利益，在美国食品药品监督管理局超严格的管理程序下，获得了生产销售批文，良药终于上架销售了。一时间“洛阳纸贵”，药监局官员满意地看着符合严格要求的药品为美国妇女孕期呕吐的痛苦提供了优质解决方案；医药公司喜笑颜开，新药一出，赚得盆满钵满；研制者甚至被考虑推荐为当年的诺贝尔奖候选人；可爱的孙女也顺利躲过了孕初期拉心扯肺般的呕吐，翘首等待可爱小生命的诞生。一切看上去都很好，东海岸的天空都因此变得更加美丽……

直到第一例海豚婴儿降生，不久，第二例、第三例……所有的媒体报纸电视传出了越来越多海豚婴儿的降生，一场灾难来临了。可爱的孙女怀抱着没有双臂的婴孩，茫然地看着对自己疼爱有加的祖父，而祖父的心里漫散着无法言表的情绪；药监局负责审理药品的官员面对美国各地对海豚婴儿铺天盖地的报道，文字、图片、影像，海豚婴儿看似天真的笑容、娇声的啼哭、父母们不知所措的恐惧，自愧无颜见江东父老，掏枪入口自决。事情还没有完……接下来发生的一切一切，让所有的读者看后，将终身难忘什么叫科学，什么叫精神，什么叫责任。

阿瑟还写了很多与各行各业有关的好书，如讲述医患关系的《最后诊断》，探讨新闻行业职业操守问题的《晚间新闻》和揭开金融行业神秘面纱的《钱商》等，这些好书都非常值得大家去阅读。

阿瑟·黑利的书不光是为你撕开了一个行业的口子，让你看到了它的立体解剖图，了解这个行业其实是什么；更重要的是，它反映了在高度发达的社会中，人似乎成了由一个个机构组成的大机器上的小齿轮，既能维持机器的正常运转，有时又难免成为机器运转出现故障的牺牲品。或许一个零件的裂痕就会产生一系列连锁反应，让看似平稳可靠、安全的事情随着每一个相邻环节有意无意的放大，渐渐演变成一场无法阻挡的灾难，就如同读者在阅读时所时时担心的那般。

真正读完《烈药》这本书，你就能了解到这种新研发的致残药物改变了多少人的命运。不过，若是你不能真正从字里行间去感受作者想表达的情绪和意义，去理解书中人物的选择和命运，只是像我们开头说的那样，做了一些碎片化的阅读，那么，你可能仅仅只是知道了一个故事的开头和结局。

当然，碎片化信息并非全然无用，不过它仅仅是一个开始，终点和结果始终在你手上。

你是否成为学霸，基因已经决定？

“学霸基因”存在吗？

不止一项研究表明，智商的差异确实与DNA有关。不过，可能并没有某一种基因叫作“学霸基因”。

为了找到影响智商的遗传密码，英国爱丁堡大学等机构的研究人员对英国和挪威的3 500多人进行了基因和智商测试。他们发现，与智商相关的基因数字并不确定。可以肯定的是，这些基因里面，单个基因对智商的影响是微乎其微的，也就是说没有发现所谓的“学霸基因”决定性地影响着人的智商。

这种结论与基因对人体其他特征的影响是一致的，像我们的身高和体重，没有哪一个基因对这些特征的形成发挥着很大的作用，而是许许多多的基因在一起的共同作用决定着这些特性。

不过，对学渣们来说，这并不是好消息。这项研究还发现，对于知识性的智商而言，人与人之间的差异约40%与基因有关；而对于解决问题能力这方面的智商而言，人与人之间的差异约51%与基因有关。

也就是说，作为普通人，我们和学霸的差距有一半在上幼儿园之前就注定了。

先天还是后天，科学大咖也互相掐

读到这里，大家是不是认为自己被骗了很多年？说好的“天道酬勤”呢？别担心，科学界对于后天因素对智商的影响也是有确凿研究的。

美国国家心理卫生研究所展开的一项长达 30 年的研究发现，工作中包含复杂关系、需要建立复杂系统、处理人际关系或解决难题的人在认知能力测试中的表现往往会逐渐提升。工作简单、基本不用动脑的人的测试得分往往会下降。也有其他研究表明，通过强化训练，人的智商是可以改变的。

但是，关于先天基因和后天环境对智商的影响孰轻孰重的问题，科学界的研究结果一直是互相打脸，各说各话。

举个例子，美国弗吉尼亚州大学心理学家埃里克·特克亨默经过研究指出，基因并不绝对决定孩子的智力水平，特别是那些生长在贫困家庭的孩子，改善生活环境对于提高他们的智商有不小的影响，就好像把两颗同样的玉米种子分别种在不同的土壤里，玉米长出的高度就会有很大的差别。

结论一出，另一位大咖，英国伦敦国王学院的行为遗传学家罗伯特·普洛米恩就表示质疑，说自己也对英国数千名贫苦儿童研究过，但没得到类似的结论，同时指出，基因在人类智商发展中的重要作用还是不能被否认的。他还指出，教育界之所以刻意无视遗传的作用，是为了避免在孩子一上学时就给他们贴上标签。

所以关于这个问题，我们到底该信谁，那就只能等着未来学霸们来解决了。

既然这样，教育的作用究竟是什么？

就在几天前，佛罗里达州大学刚发布了一项令人气馁的研究结果：家长对孩子的苦心教育到头来很可能都打了水漂，因为所有这些来自后天的教育对于孩子们的智商影响可以说是微乎其微。

该研究的负责人甚至说，我们一直认为，好的家庭教育能够培养出更聪明的孩子，但是我们忽略了一个事实——这些父母本来就是很聪明的，而他们的聪明才智遗传给了孩子。

不知道是不是为了让自己有更好的台阶下，这位负责人补了一句：当然，这仅限于正常的家庭教育范围，完全忽视孩子甚至成长中受到创伤的情况就是另外一种情况了。

英国伦敦大学国王学院的一项研究也显示，影响学生成绩好坏的智商和性格特点是由基因决定的。研究人员对 13 306 名 16 岁双胞胎的认知行为和个性进行评估，并调取他们的学习成绩，考察他们的智力、学习自信心、个性、家庭环境、学校环境、健康状况、父母反映的行为缺陷以及青少年行为问题，得出如上结论。

研究还发现，先天基因对青少年普通中等教育证考试成绩的影响几乎可以占到 60%；而学校环境，包括教学质量对考试成绩的影响不过占 1/3 左右。

这次研究之所以选择双胞胎，是因为同卵双胞胎的基因相似度为 100%，异卵双胞胎的基因相似度为 50%，但其他因素（家庭、学校、教师等）完全相同。通过对比同卵双胞胎和异卵双胞胎，如果同卵双胞胎之间比异卵的在某个特点上更相似，那么两组双胞胎之间的差异则更多是受基因影响而非环境。这也是遗传学研究经常用到的抽样办法。

而前面提到的那位精神医疗专家罗伯特·普洛米恩教授则认为，完全可以用积极的方式来发展个性化的学习方式，而非遵循一刀切的课程设置，甚至可以在未来用基因扫描，让学校在学生幼年阶段就找出其特定的学习弱点，并进行有针对性的教学。

不过，这说到底只是他的一种构想，究竟是否可行还未有答案。

聪明的人睡得晚

肥胖、记忆力减退、长痘……熬夜的危害已经被科普得够多了，社交网站上的助眠内容多到刷一整夜都刷不完，还是有一大波人挣扎着叫嚷："真的睡不着啊！"除去一些偶然情况，是否真的有一群人从生理上就不适合早睡早起？

早睡还是晚睡，基因说了算

《纽约客》杂志报道了一项科学研究结果，声称有 40% 的人在生理上不适合早睡早起。这项研究指出，人可以根据生物节律被分成两类：早上容易兴奋的人和晚上容易兴奋的人，这里我们姑且简单地称为"早起鸟"和"夜猫子"。

科学家发现，"早起鸟"在早上的自控力更高，而"夜猫子"的黄金时间则在晚上。这对"早上工作效率更高，一天下来人的自控力越来越差"的传统认知发出了挑战。

对于人体控制睡眠的机制，科学家们普遍认为是由两套系统决定的，一套是调控睡眠需求的睡眠内稳态，它决定你活跃时间是早上还是晚上；另外一套系统则是大家耳熟能详的生物钟。

它们能否和谐共处是个未知数，尤其对于一些夜猫子来说，可能身体节律已经困得不行了，生物钟却会淡定地告诉你：少年，该起床了！每天处于这样分裂状态的人可能会在低效中度过每一个困倦的早晨。

为什么会有“早起鸟”和“夜猫子”之分？热爱钻研的科学家们早有自己的答案，那就是基因。据睡眠专家尼尔·斯坦利的说法，已经有 6 种基因被认为和睡眠类型有关。举个例子，有一个名为 DEC2 的基因有独特功能：它的表达受到生物钟的调节，而表达出的蛋白质又会反过来影响睡眠的时长。

基因是强大的，人类改造自然的力量更强大，作为“早起鸟”的你，如果硬要尝试冲着“夜猫子”的道路一去不返，这也不是没有可能的。要知道，现代人晚睡的原因是多种多样的。研究告诉我们，多玩会儿手机，屏幕发出的蓝光也能刺激脑部激素分泌变化，同样能造成晚睡，不过随之而来的可是一些不太好的后果，如记忆力减退、注意力分散、大脑结构变化等。

晚睡能变聪明？不，只是聪明人睡得晚

对于晚睡的各种论调和研究一直在进行，早睡派和晚睡派的口水仗从未止息。日本还有个专门的“早起心身医学研究所”，跟晚睡党死磕到底，真是你来我往，好不热闹。

早在20世纪，悉尼大学的心理学家就和美国空军合作，开始研究睡眠时间早晚对智力的影响。根据特殊样本研究，他们发现，“夜猫子”的记忆力和敏捷性更好一些。2007年，来自意大利的研究者发现了类似的结论，“夜猫子”的创造力高于“早起鸟”。

对于这种现象，科学家从思维方式的角度给出了解答：夜猫子型的人更习惯用右脑从事创造活动，而早起鸟型的人更擅长用左脑从事逻辑思考。

进化心理学家金泽哲认为，智商高的人更能适应晚上的工作节奏，不过把控各种因素之后，由于智商差异造成的睡眠时间早晚也比较微小了。

这里我们可绝不是鼓励大家晚睡！造成晚睡的原因各种各样，可别为了提高智商故意晚睡，那可是另一种暴露智商的行为。科学家说了，通过改变昼夜节律提升智商是没有用的，而且随意打乱生物钟的结果和倒时差差不多，大家可以自行感受一下。

讲到这里，晚睡的朋友们可以自信地挺起胸膛，要求公司早上不打卡了。

别激动，关于晚睡的研究可不止这一种。2014年的搞笑诺贝尔奖就颁给了一个关于晚睡的研究，研究发现，晚睡的人虽然在日常生活中表现得更好，但同样更容易有自恋、控制欲和心理变态的倾向……

晚睡也需要睡得好

对于晚睡型人来说，睡个好觉还是很有必要的，睡眠质量和时长混乱对身体造成的不良影响，才不会因为你早睡还是晚睡就区别对待。

关于睡觉的传奇故事也不少。唐宁街的私人秘书对 BBC 说，英国前首相撒切尔夫人在工作日时间里，每天晚上只睡 4 个小时，白天依旧可以保持极高的工作状态和旺盛的精力。更为人熟知的是所谓的“多相睡眠法”，将每天的睡眠时间分割成许多小块，有未经证实的传言称，画家达・芬奇当年就是这么干的。

未经证实的故事就当段子听听就好，下面我们不妨来看看一些真在生活中效仿的案例。

第一个吃螃蟹的人是一名叫作巴克米斯特・富勒的设计师，他于 1943 年在《时代》杂志上宣称要实践“多相睡眠”，最终被商业伙伴极力制止，效果不得而知。另外一位勇士就是著名博客作者史蒂夫・帕沃利亚，到实验快结束的时候，他试图减少打盹的次数让睡眠时间变得更短，却常常听不见闹钟而直接就睡了 6 个小时。心理学家指出，这样做会扰乱人的生物节律，造成各种负面效果。

睡眠时间和死亡风险率的关系

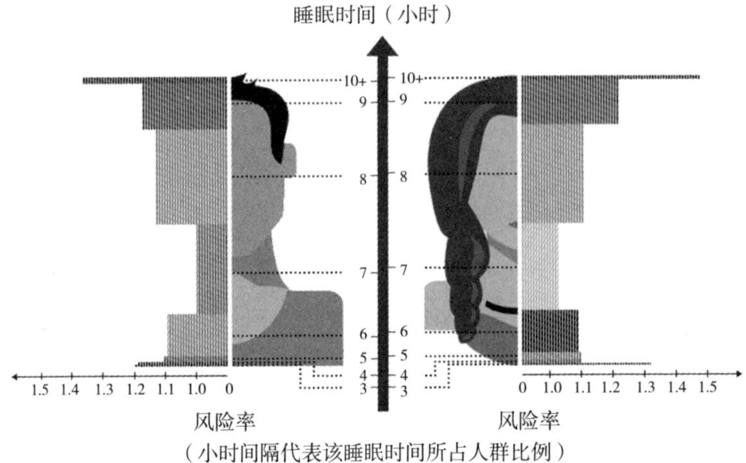

（小时间隔代表该睡眠时间所占人群比例）

这些稀奇古怪，对身体造成各种负面影响的行为切记不可模仿，我们还是来看看正常人可以参考的睡眠节奏吧。2012 年美国癌症协会公布了一项长达 6 年的大型研究结果，通过追踪发现，死亡率最低的是每晚平均睡 7 个小时的人，名列第二的人每晚平均睡 6 个小时，而人们传统认知中的“8 小时最佳睡眠”拥有者竟然比每晚睡 7 小时的人死亡率高出 12%。而另一项哈佛的研究证明，每晚睡 9 到 11 小时的人会产生记忆障碍，而且比坚持睡 8 小时的人更有可能患上心脏病。

看来我们普通人还是依据身体节奏，好好工作、好好睡觉为妙。

你的工资是如何“被平均”的

为什么每次公布平均收入，大多数人都感觉自己在拖后腿？事实上，每逢公布跟收入有关的“平均数”时，总有很多人感觉自己拿到手的工资并没有这么多。

平均值与中位数的较量

正常情况下提到一个事情的平均情况，我们很容易就想到平均值，把所有的值加起来再除以总数，比如一群人的平均身高，平均每人读几本书……

用到工资上，这个算法也成立。如果人的工资分布比较均匀，用平均值体现出来的收入就比较能反应现实情况的“平均”收入。什么叫均匀分布呢？我们拿 2007 年西藏地区农民收入的分布情况来举个例子：

2007 年西藏不同收入阶层农民比例

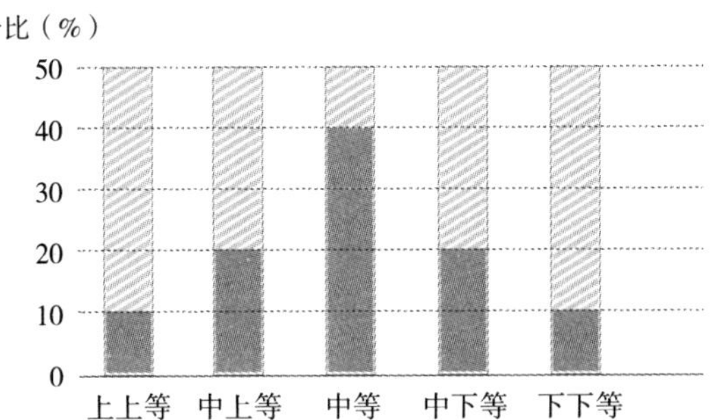

但是世界并不总是如此美好。美国肯塔基州的平均工资 39 520 美元，而实际情况是工资在平均值以下的人，要比在平均值以上的人多很多。这种情况下，少数有钱人把平均值生生拉高了。打个比喻，如果有一天比尔·盖茨成了你的同事，那么公司全体人员工资的平均值，比北京的平均工资不知要高多少。

所以，这时候用平均数，就跟大家的感受相差甚远，而用中位数来体现该地区的平均工资则更为合适。中位数保证了有一半的人工资低于这个数，而另一半的人高于这个数，几乎不受高低两端收入变化的影响。实际上，肯塔基州的工资中位数为 31 220 美元，比工资平均值低了 8 300 美元。

这在当今其实是很普遍的现象，人们工资的平均值比中位数高出 20% 至 40% 都是经常的事儿。

2005 年，英国的媒体就国民平均工资到底是升了还是降了的问题展开了一场大型讨论。英国财政研究所发布的一份报告表明，2003 年到 2004 年间国民的实际家庭收入比上一年下降了 0.2%，这里取的是平均值。这份报告也同样指出，实际家庭收入的中位数增长了 0.5%。

当这件事情被媒体报道出来时，一些评论员便把明显的“平均收入下降”这一问题拿出来大书特书，作为批评政府的有力证据。当时英国的财政大臣，也是后来的首相戈登·布朗迎着炮火解释道：当我们谈论收入时我们谈论中位数，因为收入分布不均匀。

不过确实，平均值和中位数比较起来，人们对前者更熟悉，反应也更敏感。在人们心中，“平均”二字几乎就和“平均值”画了等号，以至于我们在面对像收入分布不均匀这种情况时，也会忘掉两者的区别。直到某一天，当你把“平均工资”和自己的工资一对比时，惊讶得想让它去开个介绍信来证明它真的是平均工资。其实这时候，你更应该去看看工资中位数，安抚安抚自己受伤的心灵。

“被平均”了的美国人

这种没问过你意见就把你平均了的情况，不止在中国有，美国人民也在不断受打击中开始清醒认识到平均值和中位数的区别。

2014 年 9 月，美联储发布了连续三年的消费金融调查报告：2010 年到 2013 年间平均家庭收入增长了 4% 至 87 200 美元，而这三年间家庭收入中位数则下降了 5% 至 46 700 美元。

平均值的增长是因为有着最高收入的那群人，所得收入在这三年间增加了 10%。而收入本来就一般般的人，收入继续停滞不前，最穷的那部分人则持续掉队。

这种情况同样发生在美国人民的家庭资产净值（房屋、股票及其他投资价值减去所有负债后的金额）上。这三年间家庭资产净值的平均值属于持平状态，为 535 000 美元，但这背后其实是两股力量的角力：最有钱的那 10% 的人，他们的资产净值增长了 2%；而其余那 90% 的人，他们的平均资产净值是下降的——这三年间的家庭资产净值中位数下降了 2%。

这种平均值高于真实平均水平的情况是从什么时候开始的呢？对于美国来说，1950 年到 1980 年间，情况是完全相反的，拿着较低工资的那一半人的收入增长比另一半人要快。

1950 年美国平均家庭收入比中位数高 15%，到了 1958 年，这个比例降到 9%，这 8 年间高收入人群的收入增长了 2.5%，而低收入人群的收入则增长了 3.1%。20 世纪 80 年代以后，平均值就力压中位数一直走高。过去 30 年是美国收入分布变得越来越糟糕的 30 年，而过去 15 年间美国的经济增长主要是让最有钱的那部分人受益。

平均值就算不准确又能怎样？

在欧美等国，收入分配的统计早就开始用“中位数”来反映收入分配状况，中国香港和澳门也都有相应的指标。2012 年，国家统计局首次公布了城乡居民收入中位数，并且中位数也小于平均数。

总体来说，我们国家还是比较依仗平均工资的，比如五险一金、残疾就业人保障金、城镇居民最低生活保障标准、优抚救济标准、基本养老金和退休费发放数额、最低工资标准等，都是以平均工资作为重要参考。

国家司法部门确定人身损害司法赔偿主要依据的也是平均工资。此外，平均工资还是计算 GDP 的重要依据，因为对于那些提供服务的、非物质生产部门来讲，由于它们没有提供产品，所以统计部门通常只能用工资来作为该部门的增加值的表现。

如此多的政策措施的制定都参照了平均工资，如果平均工资不能真实反映大多数人的情况，将使很多政策在制定时发生偏差。

不管怎么说，在平均工资仍独占鳌头的时候，大家不妨把它当成鞭策自己的机会，看一看最新的平均工资，接着安安静静地回到办公桌前好好工作吧。

大数据告诉你学历与“钱途”的微妙关系

有时候，辛苦工作的你可能会想，为什么当年高考考得不如自己的同学，如今已经纷纷走上了人生巅峰，而你还在辛苦打拼还房贷？那么，学习成绩和你未来的“钱途”究竟有没有关系？

不可荒废的高中

先看结论。有学者的研究结果发现，学习成绩跟未来薪酬是正相关的。从多早的学习成绩开始算起呢？答案是高中。

美国迈阿密大学的学者对 24 岁至 34 岁之间的近 5 000 名男性和 5 500 名女性进行了调查，通过统计他们在高中时的学习成绩和目前的收入，并控制一些包括智商、父母教育水平等在内的变量，发现高中时期 GPA 每提高一个点，男性的年收入相应增加近 12%，女性则增加 14%。

于去年发表的这项研究是第一次把个人高中的学习成绩和成年后的收入联系起来，即便并没有证明这两者有因果关系。

研究发现，高中时期一个好的学习成绩，能预示一个人有更大的可能性完成大学学业，以及追求更高的教育学位，从而在日后获得更高薪资。而在高中学习中所克服的艰难险阻预示着个人有多大的动机激励自己。

一句话，重点不在于你到底能不能正确算出数学试卷上最后一道大题的最后一小问，而在于你有多大的动力去成功做到这件事，这种内在动力的多少影响着你日后成功与否。

在美国贝茨学院针对大学招生是否应看重“美国高考”SAT/ACT 成绩的研究中，研究者提到，高中阶段培养的自律、求知欲和努力工作的精神很重要。

高考成绩值多少钱？

国内的研究发现，高考成绩每增加 1 分，未来收入将增加 0.17%，这个数字这样看好像微不足道，不过，按照这个算式，如果你的同学老王一个月挣 1 000 元，而你高考时非常努力，比他多考了整整 100 分，那么就意味着，你一个月挣的钱是 1 000 × 1.0017 的 100 次方，大概是……1 185 元。

这个结果跟行业和工作地点无关。

与此同时，高考分数对继续读大学的人的未来收入影响减小到 0.11%，也就是说，进入大学之后个人将会接受到新的价值观和技能方面的培训，冲淡了高中教育对未来就业能力的影响。

相比之下，对于不打算继续接受大学教育的人，高中的受教育成果对他们日后的影响将更大。所以，如果你铁了心想当一名逆袭的学渣，或者一个不走寻常路的潮人，高中阶段的学习仍旧是人生的铺路石。

有趣的是，当研究者把最为人所津津乐道的文理科变量加入进来考虑的时候，发现它们对收入的影响并不显著，也就是相同高考分数下，文理分科不同的人在未来收入上不存在显著差异。

好学校是高薪的垫脚石吗？

说到这里，大家可能大概有点儿明白了，高考成绩可能真的没那么重要，但高中阶段的学习真的很重要。

但你可能要说，环境对人的影响是很重要的，高考可以决定一个人在人生很重要的一个 4 年里在哪个学校学习和生活。一个人接受的教育是什么，这个人就是什么，所以拼了也要上最好的大学。

不过，关于上哪个大学与个人“钱”途的关系到底是怎样，过去这些年，经济学家比你我还关心这个问题，他们在艰难地控制了各种变量后得出了许多成果。

早在 1999 年，一项针对数千名在 1970 年到 1980 年上大学的受访者的研究发现，去质量越好的学校，日后拿到的薪水就越高。1980 年的高中毕业生中，上一流大学的人平均比上九线不知名大学的人能多挣 20% 的钱；而 8 年前，这个比例还只是 9% 而已。

2000 年，美国教育部门的一份报告指出，对于男性来说，一所大学的质量影响一个人日后收入的程度能达到 2% 到 3%，对于女性来说，这个比例是 4% 到 6% 。

如果你想让数字再可观一点，对于男性来说，如果他上的大学高一个级别，薪水能上涨 8.1%，换算下来一生总共能多挣 107 000 美元（663 544 元人民币），对于女性来说是多挣 173 000 美元。

时代在变化。2011 年，美国两位经济学家有了新的研究发现，他们认为，重点很可能不是你上哪个大学，而是你申请的是哪个大学，就是你报的志愿。

一个学生如果申报的是耶鲁、杜克这类大学，这能表明，他与相同分数但没有申请这些学校的学生相比更自信、更有野心。而研究发现，SAT 考试成绩为 1 400、申报了宾夕法尼亚大学但最后去了宾夕法尼亚州立大学的学生，日后的收入水平和同样是 1 400 分、但上了宾夕法尼亚大学的学生一样多。

也就是说，如果你有上清华的愿望和分数，即使只上了河北大学，你也能挣到和上清华的人一样多的钱。有了这些拿高薪水的特质，比如勤奋、上进等，去哪里都会成功。

不过这不适合父母教育水平较低、家庭收入偏低的学生。对于这部分学生来说，去一个口碑好的精英大学能显著提高他们日后的收入。为什么？因为只有在这里他们才能接触到更好的资源，并从中获益。也只有在这里，他们才能学到那些中产阶级的孩子们在家里或者在中学就已经获得的技能。想一想当你从五六线城镇考到重点大学，才开始学习如何像大城市的孩子一样社交、上网时，应该很好理解这个解释。一句话，环境对人的影响是有的，考上一个好大学很重要，但要是万一没考上，只要是下了功夫，也是有机会发财的。

睡得越多，工资越高？

一项研究指出，人们的长期平均睡眠时间每增加 1 小时，工资便会增加 16%。

不过另一项研究却显示，每天睡 4 小时的人，年薪基本在 400 万以上，以此为基础，每多睡 1 小时，薪水就要除以 4。

这两种说法到底孰对孰错？睡眠跟收入的关系究竟是怎样的？

到底多睡挣得多还是少睡挣得多

科比每天看见洛杉矶凌晨 4 点的样子，爱迪生和拿破仑每天只睡 4 个小时，4 个小时也是苹果 CEO 库克、雅虎 CEO 玛丽莎・梅耶尔和英国前首相撒切尔夫人的睡眠时间。

睡得少似乎成了一种美德，同时，这种常人难以达成的生活，也完美解释了为什么跟这些人比起来我们很平庸——那些只要睡 4 个小时的人，一定有超人的毅力和精力。

在一次次被成功者碾轧之后，忽然看到“长期平均睡眠时间每增加 1 小时，工资便会增加 16%”的消息，是不是感到自己已弃疗的人生，还可以抢救一下。

上述睡眠时间和收入关系的数据，来自加州大学圣迭戈分校经济系的一项研究。两位研究者分别是吉布森 (Matthew Gibson) 与施雷德（Jeffrey Shrader）。《华尔街日报》报道说，他们将工资数据与美国人口普查局的美国人睡眠数据进行了对比，得出如下结论：

> “对于睡眠时间过少的人来说，长期平均睡眠时间每增加 1 小时，工资便会增加 16%，这种增幅相当于返回学校重念一年多书的效果。”

请大家仔细阅读这一结论，“对于睡眠时间过少的人来说”，原来这项结论是建立在这样一个大前提之上的，这才是重点。

睡得少，可能是一件不划算的事

加州大学科学家们的意思，不是多睡能带来更多收益，而是减少一些因为睡眠不足造成的损失。一般来说，一个成年人的正常睡眠时间在 8 个小时左右，如果长期不能满足睡眠需求，大脑就会进入紊乱状态。

一晚上不睡觉或者长期睡眠不足，一个人的大脑灵敏度可能会跟醉酒时差不多，同时会变得更加悲观、压抑和易怒。美国国家睡眠基金会认为，睡眠不足是“路怒症”的主要原因之一。而明尼苏达州地区睡眠治疗中心的一位发言人说，50% 的车祸发生前，司机都在昏昏欲睡。

不过，睡眠不足的影响可能比我们想象得更深。

有研究显示，睡眠不足的人比睡好觉的人更难以自控，因为睡眠不足时，负责自制力的大脑前额叶皮层会消极罢工，让人对诱惑的抵抗力下降。比如，如果伴侣少睡了 22 分钟，那么出轨的可能性就会明显上升。

由于判断力下降，睡眠不足甚至还可能影响一个人的道德。美国马里兰州一家研究所对 26 名现役军人做过测试，题目包括“是否可以为了挽救几个人而让一个人去死”。结果发现，当他们处于连续 53 个小时睡眠不足的状况下时，会更难做出判断，有些人还做出了跟清醒时截然不同的选择。

这些测试结果意味着，当一个人睡眠不足时，不仅工作效率会下降，做出的决策也很有可能是靠不住的。他的工作成绩会因此变差，甚至会搞坏同事关系，错过升职加薪的机会……

而智慧的中国祖先早在 1900 年前就发出了类似的警告，如大魏国政治家、军事家司马懿就曾说：“诸葛孔明食少事烦，其能久乎？”

不过，确实有一批天生睡得少的人

虽然睡眠不足可能带来损失，但确实有一些人，能够比一般人睡得更少。

加州大学旧金山分校的一个研究小组在 2009 年发现，DEC2 蛋白上的一个氨基酸替换突变，会导致人“睡得少”，每天平均只要6.25 小时。

另一个科学小组延伸了这一发现，对双胞胎婴儿进行测试，发现在熬夜之后，携带 DEC2 突变的一个，反应速度要远远快于没有携带突变的兄弟或姐妹。也就是说，这种基因变异让他只用更少的睡眠，就可以抵抗疲劳的不良影响。

为了做这个试验，研究者在 59 对同卵双胞胎和 41 对同性的异卵双胞胎中才找到一个突变的案例。也就是说，这样天赋异禀的人还是百里挑一的。

灵感为何总在大脑放空时出现?

两千多年前，一个叫阿基米德的希腊人在踏进浴缸时突然灵光一现，大叫着跑出浴室，自此物理史上多出了一笔——阿基米德浮力定律。

类似的情景还出现在人们擦地板的时候，将醒未醒的时候，开会的时候……总之就是在走神的时候，有些奇思妙想总会不经意间钻入脑海。那么，为什么灵感总是在大脑放空的时候才出现?

大脑也有后台程序

以前，人们一直以为大脑在放空状态下是什么都不做的。但是，华盛顿圣路易斯大学的神经学家马库斯·雷切尔（Marcus Raichle）和他的同事们却发现，大脑在放空状态下也是在不停运动的。

他们观察了134个被试者的脑成像结果，发现无论进行何种实验，大脑中的某些区域在任务开始之后就不那么活跃了。

可是，这些任务开始后不活跃的脑区域却在走神时变得异常活跃，这就是大脑的默认网络机制。

参与大脑默认网络机制的脑区域包括内侧前额叶、扣带回后部等。抛开这些颇具学术色彩的词语不谈，触发这个机制可是有条件的。

首先，身体得处于相对安静的状态下，即使是活动也不能太剧烈；其次，这个状态要能够持续一定的时间，能让人有时间进行一连串的思想，但又不至于长到让人厌烦。想想看，洗澡、浇花、听领导讲话等，都能满足这些条件。

科学家们做实验的时候，从托尔斯泰的《战争与和平》里挑选了几段文字让受试者阅读，结果大约 10 分钟后，他们大脑里的默认网络都活跃了起来，就是说，他们全都走神了。

话说回来，雷切尔认为，大脑放空时，默认网络机制就会处理海马体提供的短期记忆，以便对未来的行为提供参考。这时，我们自以为已经忘记的记忆就会重新冒出来，之前全神贯注思考的问题一直被束缚在几个有限的想法里，但默认网络开始处理短期记忆时，则会解放出许多新思想，于是就有“灵光一现”的可能。

2009 年，由英属哥伦比亚大学的神经学家卡琳娜·克里斯多夫（Kalina Christoff）等人领导的研究团队发现，走神时不仅有默认网络的参与，执行网络也会参与其中。

执行网络是负责解决高度复杂的问题的大脑机制，一般认为这两个机制是此消彼长的，但走神会把这两个机制融合在一起，从而为生发灵感、解决难题提供了好机会。

那么，我们该如何抓住灵感

神游有可能产生灵感，但是它太飘忽无常，一眨眼就会被忘得精光。这是因为大脑的遗忘速度实在是太快了。

我们的大脑是以每神经元每秒钟 1 比特的速度遗忘信息的，走神时默认网络处理信息的速度也很快，这种持续的信息传递消耗的能量几乎是大脑有意识做出反应时消耗能量的 20 倍，耗氧量也远远高于大脑有意识时的活动。这么高速的信息处理，被遗忘也很正常。

加州大学圣芭芭拉分校的乔纳森·斯科勒（Jonathan Schooler）研究发现，走神也分两种情况。他让受试者们在走神的时候按一个按钮，结果发现，一部分人并没有意识到自己在走神，需要经过别人提醒才知道自己刚才走神了；另一部分人则可以完全凭自己的意识察觉出自己在走神，都能自己按下按钮。

斯科勒的数据表明，对那些走神而不自知的人来说，他们的创造力并没有获得多大的提高。但默认网络和执行网络恰恰是在不自知的走神状态下活动得最激烈。

当你好不容易脑中留下一些残存的印象，提起笔想要记下来时，却发现自己又忘了个精光，这种现象怎么解释？

美国德雷塞尔大学的心理学家约翰·库尼奥斯（John Kounios）认为，这是因为我们的大脑在处理信息时很容易受到周围环境的影响，各种思想在无干扰的情况下是搅成一团的，一旦注意力集中在某个特殊的事物上，就会趋向直线运动。

所以，一旦拿起纸笔准备记录，大脑就会从神游中“苏醒”，默认网络活动便会减弱，本来就微弱的印象就更不容易记住了。这个悖论现在看来真是无解，不过也难怪，如果灵感真的一走神就会冒出来，还能应用到实际问题上，那也就不会像现在这样这么珍贵而有意义了。

不是有那么一句无处不在的话吗？天才是 99% 的汗水加 1% 的灵感。虽然爱迪生本人并没有明确表示过这两者谁更重要，但也足以证明，灵感对人类来说是多么弥足珍贵的东西。

当然，这并不意味着我们就没办法抓住灵感。库尼奥斯认为，最重要的是找到一个自己适应的记录方法，将记录工具放在眼睛看不见但可以随手拿到的地方，比如在浴室里放一个防水簿，随身带一支录音笔等，甚至在如厕的时候也可以带一个不显眼的小笔记本等。

银子都到哪儿去了？

雍正时期国家一年究竟有多少银子

清朝的雍正皇帝，相信大家都不陌生。这位皇帝在位期间不仅工作非常认真辛勤，而且非常节俭。这里就出现了一个问题：当时国库银钱很紧张吗？国家一年究竟有多少收入？

下面我们进入算账模式。

作为大清国的最高统治者，雍正当然非常关心国家的收支状况。毕竟这么一大家子，有钱才能养活文武百官，才能办事。对这些账目，勤政的雍正还是很清楚的。

举个例子，以 1725 年（雍正三年）为例，这一年，全国征收地丁银 3 007 万两，还有米麦豆子 473 万石，草 492 万束，茶叶 50 万篦；此外，还有盐税收入 443 万两，关税收入 135 万两，杂税收入 68 万两。这些加起来，就是当时国家一年的总收入：3 653 万两。

清政府年收入结构（以 1725 年为例）

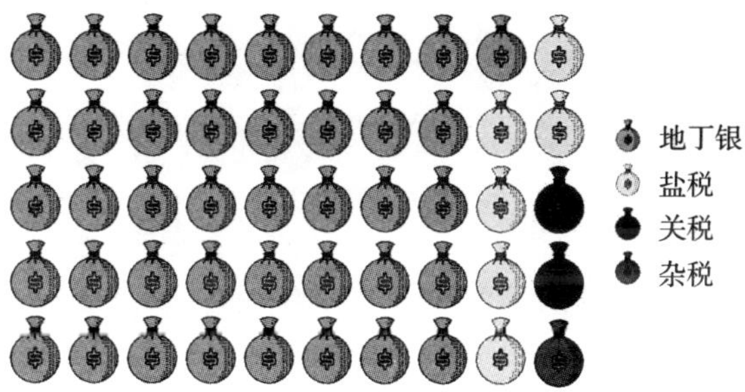

按照非常不严谨的，一两银子合现在 750 元人民币的比值计算，当时国家一年的收入大约 274 亿元人民币。跟现在 14 万亿元的全国财政收入、6 万亿元的中央财政收入比起来，的确有些少。

从上面的数字我们可以看出，作为一个农业国家，当时中国的财政收入主要靠地丁银，也就是农业税；收入的增长则主要靠开垦土地，而农民们面对的已经是一个人多地少的国家。

问题就来了。按照一些西方学者的估计，当时中国的 GDP 占世界总量的四分之一到五分之二，可财政收入只有区区 3 653 万两白银，而且增长非常缓慢。

我们跟地球另一边的英国比较一下。此时工业革命还没开始，英国也并未进入火速发展的状态。

1721 到 1725 年，英国总税收是 298 亿英镑，其构成是这样的：

英国政府年收入结构（1721-1725）

这时候，英国财政收入的最大头已经是商业税了。而且由于商业的蓬勃发展（当然也加上货币贬值），税收总额还会在 50 年后翻一番，再过 20 年再翻一番……

经过差不多 100 年天翻地覆的发展，到 1820 年前后，大清国的财政收入还是 4 000 万两白银左右，而当时英国的财政收入换成白银已经超过一亿两。

雍正皇帝能给自己花多少钱?

虽然未来比较暗淡，但毕竟这时候雍正的朝廷还有 3 653 万两白银的年收入。不过大清国家大业大，要花钱的地方也是不少的，雍正应该心里也有一本明细账。

下面大家就来一起看看他要花钱的地方。

一般来说，这时候国家的开支主要是四大块：兵饷、官饷、皇室的供应、河工水利驿站等支出。

先说兵饷。兵饷包括京师的驻军军饷、各省八旗、汉军军饷以及各种犒赏。当时全国的八旗兵大概有 20 多万，绿营大约 60 万，合计全国 80 万正规军。

当时，一个士兵每月的军饷从一两半到四两不等，口粮另算。这么一来，80 万军队就要花掉整个国家收入的一半以上，这还不算打仗时候的后勤、损耗、补充等额外开支。

相关资料显示，从顺治到乾隆年间，军费开支往往超过当年财政支出的 70%。

第二个开支大头是文武百官、外藩王公的俸禄，还有报销京师衙门公费吃饭的饭银。此外，还有高薪养廉的养廉银。这些花费加起来，差不多要花掉一年财政总支出的十分之一。

提醒一下大家，这些嗖嗖花掉的银子，都是为了维持国家机器运转、社会稳定的开支。只有维持国家机器运转、社会稳定，大清国才能继续收税收银子。换句话说，就是税收的大部分，都要作为收税的成本花出去……就算是雍正皇帝再怎么励精图治，能减少的成本也非常有限。

跟这些比起来，皇帝和亲戚们，也就是皇室花的钱，真是小数目了。这些钱包括负责皇室后勤工作的内务府、工部、太常寺等机构的费用，给皇帝养马、牛、羊、骆驼和大象的饲料钱，为皇宫采办颜料、木头、铜、布等物资的费用等，还有后妃们制办衣裳、簪子、手镯、胭脂、马桶的费用……杂七杂八加起来，一年大概要花掉50万两吧。

一般来说，这么折腾一番之后，国库一年能结余几百万两，就算还不错；能结余超过1 000万两，就算这盛世如你所愿，皇帝就能过个放心年，不用拍桌子问银子都去哪儿了。

CHAPTER 2

单身，
是因为丑吗？

重新认知亲密关系

长得漂亮更容易被原谅

柏拉图曾说过，人的心愿不外有三，健康的身体、通过诚实劳动获得的富裕和看上去优雅美丽的外表。许多研究都不约而同地表明，在很多领域，“长得漂亮”的确是一张能将“hard”模式降为“easy”难度的会员卡。

那么，长得漂亮真的具有这么巨大的优势吗？

看脸不是演员的特殊福利

“外貌协会”对这个世界的统治，早在人类出现之初就开始了。秀亮润泽的头发、光洁的皮肤，健壮而没有赘肉的躯体，是身体健康的明确标志。

如今，人类已进入现代社会，看问题当然没有从前那么简单粗暴了，但出色的长相依然能够获得很多偏爱。看看被大众根据长相分类成偶像派和演技派的演艺圈明星，这个世界的恶意可见一斑。

如果你不打算当演员，也别急着庆幸。美国联邦政府发行的“地区经济学家”中的一项研究报告指出，长得漂亮的人在职场上更容易脱颖而出，“外表决定论”在职场上简直不要太常见。

美国管理学教授 Timothy Judge 带领的团队研究发现，相貌上的优势能提升本人的自我价值感，反过来，这份自信心也使得薪水水涨船高。如果长得漂亮，升职、加薪、出任 CEO 甚至走向人生巅峰，这些看上去似乎就能轻松很多。

“晕轮效应”让漂亮者的缺点被无视

漂亮脸蛋带来的职场好处当然不止自信心的增长，还能让你更容易和同事建立合作关系。

美国一项研究显示，人们更愿意和漂亮的伙伴相互合作。漂亮是一种光环，足以将身上其他的部分呈现得更为美好，并掩盖不好的部分，这是一种心理学上的“晕轮效应”。数据统计中，39% 的俊男和美女被同事认为有帮助，16% 长相平平的人被认为有帮助，这一比率在相貌丑陋者的身上骤降为 6%。

在招聘中，老板也青睐漂亮的员工，原因太多了，一张好看的脸可以吸引客户，抓住商机，退一万步来说，也可以使办公室的画面感变得更加美好。招聘中以貌取人的官司，在全球爆发过好几十起，以至于有专家申请，长相不好的人应受法律保护。

一项医学研究将所有研究对象的长相分成五类：不忍直视、难看、一般、好看、超级迷人。实验结果表明，每个人的迷人程度和患病概率呈反比，长得好看的人尤其不容易得耳鸣、哮喘、糖尿病以及高血压。

别灰心，有的时候脸也不是万能的

放宽心态，这个社会并没有你想象得那么残酷。如果你只有一张漂亮的脸，却没有一个好的身材的话，一切都是白扯。看看下面这个例子：

在审美衡量中，身材的重要性不亚于脸蛋。1990 年，心理学家大卫·布斯与 1 万多人谈话，讨论他们对配偶的偏好问题。这些人来自 37 种不同的文化背景，年龄从 14 岁到 70 岁都有。他们将肉体美和相貌美都排在了前 10 项之中。

职场里，高个子的男人比矮个子有着更多的入围机会，身高常常代表着被尊敬程度。根据《漂亮者生存》里的数据，美国男人的平均身高是 5 英尺 9 英寸，在美国最富有的 500 家公司里，超过一半的总经理身高在 6 英尺或以上。

20 世纪 80 年代中期，心理学家爱瑞思·弗瑞兹调查了匹兹堡大学 1 000 名工商管理硕士的就业状况，发现身高 6 英尺的人赚的钱平均比身高 5 英尺 5 英寸的人多 4 000 美元。

实在没有一个好相貌，有钱也能挽回一点尊严

事实上，即使你有一个好相貌，也要努力去具备与其相称的实力。否则一旦人品用光，下场可是很惨的。

西点军校的一份研究资料显示，社会学家阿兰·马祖尔发现，容貌上的优势对新老士兵的军衔影响很大，看上去处于支配地位的是那些长相英俊的男人，他们的特点是眉宇深浓、双眼凹陷，完全符合主流审美观。有时候，凭相貌，你甚至就能猜出一个人的军衔。

但若是看似有支配能力的人没能在军校取得重要成就，他们的一生将会非常糟，就像提交一份虚假简历被揭穿一样，用马祖尔的话说，他们是“披着羊皮的狼”。

相应地，职场中漂亮的人在工作中不能尽职时，美丽的外表会成为致命的劣势。

历数男人对女性的吸引力，身份和实力占了极大比重。一项研究发现，在 37 种文化中，有 36 种文化中的女性比男人更加看重异性的经济前途，而且有 34 种文化中的女性看重男人在获取财富上的资质。

人类学家约翰·马歇尔·汤逊德曾让一些测试者看了一些男人和女人的照片，这些人的职业和收入被分为高、中、低三个档次。测试的结果是，最受女人们欢迎的是一个长相出众又有钱的男人；仅次于他的，是那些其貌不扬，甚至有些丑的男医生，女人们对他们的评价与那些长得很漂亮但赚钱不如他们的男教师相等。

有意思的是，在汤逊德的实验中，男人对女人的评价倒是非常一致：不美的女人男人是不会喜欢的，不管她们的社会地位如何高。

为何单身的人死得早？

单身人士的日子一直不好过。如果你说，单身怎么了？单身有错吗？我愿意！那咱们今天就单从身心健康这个角度来看看，单身究竟怎么了？古往今来的不少研究都指出，已婚人士平均比单身人士更健康。今天，咱们就来说说，单身是否真的容易早死。

科学界看单身人士不顺眼从 250 年前就开始了

单身人士被黑的历史可以追溯至 19 世纪中叶。1858 年，英国流行病学专家威廉·法尔开始研究婚姻状况和健康的关系，以法国人作为研究对象。当时他把研究对象根据婚姻状况分为三类，一类是已婚的，一类是从未结过婚的，一类是丧偶的。

这项具有开创性意义的研究发现，单身人士因得病而死的比率比已婚人士高太多，而这其中，丧偶人士的情况是最糟糕的。

当然，如果把这项研究结果应用于现代社会是不合理的。那时人际关系简单，远不像今天还有同居、同性婚姻、离婚等各种各样的事实婚姻状况，况且研究结果也有很多争议，一些人认为，这只能说明身体比较健康的人更有可能结婚。或许我们可以换个角度看看，导致丧偶人士更容易病死的原因没准是因为他们年纪普遍比较大……

另一个可怕的事实是，在那以后的250多年间，各类科学家们继承法尔博士的衣钵，孜孜不倦地打击单身人士，其研究结果差别都不大，总体上都显示出，已婚人士平均要比单身人士更健康，活得时间也更长。

这些研究结果包括：已婚人士更不容易得肺炎、癌症、心脏病、老年痴呆症，等等。荷兰学者在研究了各种各样的死法（包括死于暴力、自杀、车祸、癌症等）后，发现无论哪种死法，单身人士比已婚人士都有更高的死亡风险。

这些研究当然也带来了一些好处，耸人听闻的结论让一些政府非常紧张，开始投入更多到鼓励婚姻的事业中，美国卫生和人类健康署从2006年到2010年间每年花1.5亿美元致力于减少离婚率并广泛宣传婚姻的好处。

面对癌症，单身人士不仅玻璃心，还玻璃身

美国各大癌症治疗中心的研究者们从70多万癌症患者中发现，单身人士患转移性恶性肿瘤（癌细胞会扩散到身体其他地方）的可能性比已婚人士高17%，而他们得到最高治疗的比例比已婚人士少53%。

无独有偶，挪威科学家查看了44万从1970年到2007年罹患

癌症的病人记录，并将其与他们的婚姻状况作比较，发现在 2005 年到 2007 年间从未结过婚的男性死于癌症的可能性比已婚男性高 35%，对应在女性身上这个数据是 17%。

另外，单身人士比已婚人士更难从癌症中活下来的趋势，随着时间的推移也越来越明显，比如，1970 年到 1974 年间，单身男性死于癌症的可能性比已婚男性也只是高 18% 而已。

也就是说，单身男性的悲剧命运是在过去 40 年中越来越悲剧的。

专家们大致把原因归为以下三点：已婚人士患癌症后会更积极以及坚持不懈地治疗，得病前后会得到配偶情感上的支持，并且很有可能比单身人士更早发现病情。

这还不够，挪威学者还说，其实单身人士和已婚人士在这个死亡率上的差距还可以更大一些，因为我们没有把未婚同居的人士算进去，同居的人们其实也拥有已婚人士的这些优势。

亲密情感是单身人士的软肋，也是“救命稻草”

传统观念认为，单身人士总跟饮食无规律、饮酒过度等不良生活习惯联系在一起，而结了婚的人则会有伴侣限制他们的这些不良行为。但是这可能还不足以成为单身人士悲惨命运的主要原因，一些观点认为，单身人士所不具备的夫妻之间的亲密情感才是关键。

美国弗吉尼亚大学医学专家科恩与同事进行了一项试验。他们告诉参加试验的女性，她们将遭到痛苦的电击。结果他们发现，已婚女性在试验中如果抓住丈夫的手，紧张程度会大大降低，而别人的手就没那么大作用。

研究者发现，这种“触摸”行为作用于我们大脑中拉响身体警报的部分。当被试者通过拉丈夫的手获得心理支持的时候，大脑和身体就不用作出很强反应，在碰到威胁时会处于比较放松的状态。而这种效果在婚姻越幸福的人身上就越是明显。

不过，大脑警报放松不见得就是好事，因为在有压力的时候，大脑拉响警报就可以让你的心脏、血液等各就各位，随时准备战斗或逃跑，如果这个警报放松，后果可想而知。

关于单身早死，下定论还早呢

《美国流行病学研究》杂志上曾发表过一项研究，发现单身男士比已婚男士少活 8~17 岁，单身女士比已婚女士少活 7~15 岁。

学者们在梳理了过去涉及 5 亿人口的 90 多项研究后发现，不结婚的你，只要挺过了青壮年阶段还没死，那么恭喜你，你可以度过一个相对无恙的晚年，注意是相对。因为研究者们发现，单身人士在 30~39 岁期间的死亡风险比同年龄段的已婚人士高 128%；而在 70 岁这个节点，单身人士的死亡率只比已婚人士高 16% 而已。

学者们得到这样的结果后可能也有些于心不忍，表示这只是一个比较宏观的研究，说的也只是可能性而已。

虽然这种对单身人士满满恶意的研究的确很多，不过相对地，对于这些研究的批判也从不缺乏。

更好的消息是，有一些良心学者开始进行一项让单身人士欣慰的研究：不幸福的婚姻对健康的影响。他们发现，从未结过婚的人比离婚人士有更好的健康状况，而充满压力的婚姻对人的损害和吸烟有得一拼。

有人提出，想要证明单身的人是不是确实容易早死，最直接又无瑕的研究方案可能就是，让研究对象们随机选择保持单身还是结婚，然后分别跟踪他们的生活分析结论，但我们知道，这个方案是不可行也不符合伦理的。

最后，给单身的各位来一剂强心丸。有两位长寿老人，分别是一位 116 岁的老爷爷和一位 105 岁的老奶奶，前者从未结过婚，后者从未有过性生活，而他们都把自己的长寿秘诀归为这两点。

男多女少，为何剩女越来越多？

很久以前，11 月 11 日是一个单纯的“节日”，在这一天，单身人士才能“明目张胆”地挺起骄傲而孤独的胸膛。不知从什么时候开始，11 月 11 日变成了单身者忙着买买买以麻痹自己的日子。忙着清空购物车的单身人士是否想过，究竟自己为什么单身呢？尤其是单身女士们，明明大数据告诉我们，当今社会男性数量已大大高于女性，为什么找个对象就这么难呢？（郑重说明：文中出现的“剩男”“剩女”只为描述单身状况，没有任何歧视的意思。）

关于“剩男”的统计数据错了吗？

从数据上看，中国男人们的危机相当严重。

从 1953 年到 2010 年，全国人口普查显示，我国男女出生性别比例从 107.56 上升到 117.94。到了 2004 年，新出生男女性别比甚至达到了 121.20。

联合国曾经指出，一个国家的男女性别比正常范围在 102～107 之间。我国极不正常的男女出生性别比意味着，从 1980 年至今 30

余年将产生约 3 000 万男性光棍。想象一下，3 000 万单身男性天天看全中国人民秀恩爱，即使其中百分之一情绪不太稳定也非常不利于安定团结。

出现这种情况的原因有很多，但是最重要的两点无外乎传统重男轻女的观念和 20 世纪 70 年代末开始逐步实施的计划生育政策。

不过，城市年轻人的感受可能恰好跟统计数据相反——单身女性远远多于单身男性。别说“本科毕业、体健貌端”的年轻小伙子了，只要双商没有感人到一定程度，四肢健全，基本都剩不下。而各种颜值与学历双高的姑娘们，却往往令人困惑地单着。

其实“剩男”“剩女”有城乡差异

难道数据错了吗？数据没错，感觉也没错。事实上，“剩女”是城市才会出现的现象，而“光棍”大部分集中在农村。

统计数据显示，30 岁之前，“剩男”在城市和农村的分布比例和“剩女”差不多；而 30 岁以上的人群中，城市中的“剩男”比例就明显少于“剩女”，而乡村中的“剩男”则比“剩女”多出一大截。

所以，“剩男”们想要摆脱单身，留在城市中的机会还是要大一些。

是什么造成城市“剩女”多于“剩男”？

在这里我们要引用一个名词：择偶梯度。这个名词是美国社会学家巴纳德提出的。他发现，在婚姻关系中，男性总是倾向于选择社会地位相当或较低、年龄较小的女性；而女性往往要求男性的受教育程度、社会地位、收入、年龄等高于自己。

从整个人口结构来看，如果把男女按照社会地位分为 ABCD 四级，A 男倾向于选择 B 女，B 男选择 C 女……于是，A 女和 D 男就被从择偶梯度中踢了出去。

这种倾向并不奇怪。在过去差不多 5 000 年的人类社会中，男性凭借先天的生理条件，掌握了更多的生产和生活资源。不过在这漫长的历史中，能够在社会地位上与男性竞争的“A 女”数量的确很少，并不会形成问题，主要的问题一直是找不到对象的 D 男，也就是男光棍们。

但现在问题来了。

随着社会的发展，女性尤其是城市女性的受教育程度有了大幅提高。不依赖体力的现代教育为女性战胜男性提供了可能。2007 年，我国高校新生女性数量第一次超过了男性，占总数的 52.7%；而 2010 年全国女硕士比例也超过男硕士，占到 50.36%。到了 2012 年，全国共 143 万余硕士研究生中，女性已经比男性多了 4 万人。

各种教育程度下单身女性占女性总人口比重

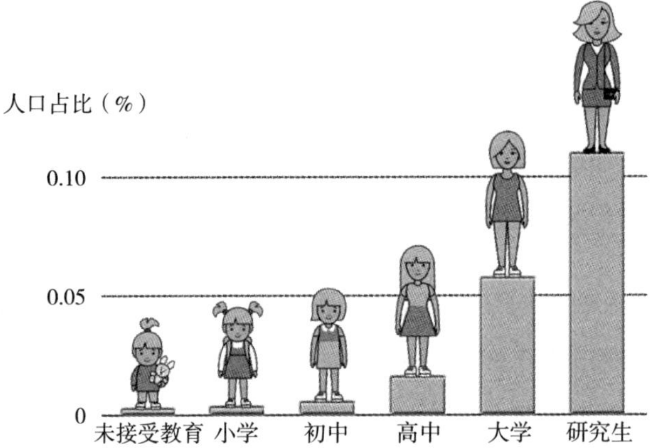

有着较高教育程度的独立女性有了更强的经济能力，也有了更丰富的精神世界。她们对男性及家庭生活的依附程度大为降低。有伴儿最好，没伴儿自己过也行。

对还没有适应这种变化的男性来说，掌握更多知识和社会资源的单身女性并不符合他们对于典型女友的形象预期，认为她们难以接近。

所以悲剧的结果出现了：男性结婚率会随着受教育水平的提高而明显上升，女性却呈轻微下降趋势。在财富方面也呈同样的趋势，男性收入越高，沦为单身的可能性越小；女性收入越高，成为单身者的可能性反而相应增加了。

可见，男人朝思暮想的“白富美”中，富其实并不那么重要。

“剩女”其实是世界潮流

在中国人，尤其是“剩男”“剩女”的父母一辈愁得夜不能寐时，我们一定要坚定地看到，剩女其实是现代化带来的世界潮流。

中国的剩女话题，比美国晚了差不多50年。

第二次世界大战之前，美国女性如果不是家庭妇女，那么主要的工作是打字员、电话员、教师等文职。二战的爆发使得大量以前被认为只有男人胜任的工作岗位向女性开放。1942年，16万女性在造船，37万女性在生产汽车，还有超过1 000名女飞行员；华尔街的职位开始招收女性，比如女会计师、女分析师；新闻机构也开始大量雇佣女记者。

战后，经济的繁荣进一步推动了女性获得更多工作机会的可能性，并争取到同工同酬的权利。女性第一次比较广泛地拥有了经济独立的机会。于是，单身女性开始在城市大规模出现。

1950年代，美国城市中的婚龄女性有35%是单身，到2000年，这个数字上升到49%，之后很快就超过了50%，使得结婚的反而成了少数。

相比之下，虽然中国早在1968年就宣称“妇女能顶半边天”，但个人（无论男女）获得经济独立和一定的自由，都要等到改革开放之后。大量私营企业、外资企业的兴起，也为中国女性不依靠男性，也不依靠体制生存提供了可能。

只不过，中国的“剩女”之所以成为一个问题，是因为中国变化得太快。欧美用了半个世纪的时间，使得单身或不婚女性成为寻常，而在中国，生活在熟人社会和体制卵翼之下的上一代人，和迅速被抛入现代社会的下一代之间，在婚姻观念上产生了难以妥协的冲突。

但是世界潮流是浩荡而不可阻挡的。“剩男”的问题在于人口数量，而“剩女”的问题则在于人口分布和结构。最终，总会有一群生活精彩，不愿意被男人拖累的单身女性，在金字塔顶高冷地俯视大群嗷嗷待婚的大龄单身男青年。

所以，单身男士仍需努力！

一夫一妻真的天经地义？

在我国，鸳鸯向来是美好爱情的象征。相传，鸳鸯一生只会有一个配偶，如果其中一只死亡，另一只将会因思念配偶过度而死，或者孤独终老。可这是真的吗？

事实上，鸳鸯并非总是成对生活的，配偶更非终生不变。在鸳鸯群体中，雌鸟也往往多于雄鸟，一只公鸳鸯配两三只母鸳鸯其实并不算稀奇。若是有了孩子，公的就更不爱搭理母的了。若是某一方不幸死亡，另一方则顶多伤心几天，随后就跑去寻找新欢了。说它们是花心大萝卜真是一点都不为过。

其实，除了名不副实的鸳鸯，大部分鸟在夫妻关系上还是很忠诚的。鸟类中 91% 是采取“一夫一妻制”的。然而，“一夫一妻制”仅仅在鸟类中占主流，在整个动物界中可真是不好找。哺乳动物共有 4 300 多种，其中真正严守“一夫一妻制”的大约有 140 多种，只占哺乳动物总量的 3%。即便是在相对高级的灵长目动物中，采取“一夫一妻制”的也只占 18%。

既然不论是放眼整个动物界还是细化到哺乳类甚至灵长目动物中，实行一夫一妻制的都是少数，那么，作为灵长目一员的人类，为什么是以一夫一妻制为主呢？

有人可能会说，这是人类文明演进的结果。人类作为“宇宙的中心，万物的灵长”，当然不能和其他动物相提并论！

但考古研究发现，早在400万年前，人类还是南方古猿的时候，就已经采取一夫一妻制了。那时候，真正意义上的人类文明还远未建立。所以，用“文明演进”并不能解答这个问题。

也有人说，采取一夫一妻制是因为，一夫一妻有利于子女的养育和财产的继承。

没错，有了父亲的保护，幼子长大成人的概率会大大增加，而且有了固定的父子关系，父亲的财产也能得到更好的继承。但这只能说明，孩子得有固定的父亲，至于父亲身边是不是还有其他配偶可就不知道了。所以，这种说法只能解释固定婚姻关系，而无法解释“一夫一妻制”这种现象。

其实，人类最初采取一夫一妻制可能和“文明”根本没什么关系。

一个茶壶配四个杯子？那是因为杯子不够大！

人类学学者认为，人类实行一夫一妻制可以用二态性解释。所谓二态性，就是两性在性器官之外的身体差异，比如体型、毛色等。在灵长目动物中，二态性大的多采取群婚制或一夫多妻制，比如大猩猩，雄性的体重约为雌性的2倍，在它们的群体中实行的就是一夫多妻制。而二态性最小的长臂猿实行的则是典型的一夫一妻制。

我们人类的二态性不大，在整个灵长目图谱中处于较小的那端，但也不是最小的。而人类的婚配方式正好是以一夫一妻制为主，以多偶制（一夫多妻和一妻多夫）为辅。虽然这种相关性无法得到准确的印证，但从性选择角度是解释得通的。如果二态性大，身强体壮的雄性既可以吸引更多雌性，又可以把较弱的同性竞争者赶出自己的领地，因此获得了更多交配权。二态性小的人类，无论是高大还是矮小都只有一个配偶，也就不存在交配权的竞争了。

为了不“喜当爹”，我要和你长相厮守

雌性黑猩猩在排卵期（发情期）屁股会变得红红的，像只大桃子！母猩猩一般只在排卵期搭理公猩猩，排卵期一过就“性”趣全无。为了不浪费体力和精子，公猩猩也会看屁股行事。而有的物种在排卵期就没什么明显征兆，比如人类。这表示，雌性可以在任何时候性交，但只会在排卵期受孕。

可是，这和婚配方式有什么关系呢？别急，咱们慢慢来看。

在灵长目动物中，排卵期有征兆的几乎都乱交（多夫多妻）。虽然排卵期无征兆的不全是一夫一妻制，但一夫一妻制几乎都是排卵期无征兆的。

人类的排卵期是没有明显征兆的，而这，很可能是从有征兆进

化过来的。

雌性排卵期有征兆，说明它们的交配期很短。群体中最健壮的雄性是一群之首，垄断所有性资源，只要在排卵期看好“老婆”们，基本可以避免“喜当爹”。但岁月催“人”老，当变弱的老首领被更强的新首领取代，它的幼崽可能会被新首领杀掉。这是自然界常见的杀婴现象。

雌性为了保护自己的宝宝，进化出了排卵期无征兆，非排卵期也可以交配，这让首领很难防范雌性和其他雄性私通。如此，新任首领就不能杀老首领的幼崽，因为那可能是自己的孩子。每一个首领都不愿意戴上耻辱的绿帽子，但那么多老婆根本管不过来，怎么办？只要一个老婆好了，日夜看守。一夫一妻制的雏形就形成了。

然而，这也并不能当作人类采取一夫一妻制的确凿解释。

合作推动了一夫一妻制的发展

合作狩猎和武器的出现可能是奠定一夫一妻制的又一个推动因素。

“祖先猴”们从树上来到地下，准备吃点东西充饥，老吃果子肯定不行，没肉吃不聪明。怎么办呢？打猎吧。单独一个人，抓个田鸡、逮个兔子还行，想打点野猪、野牛什么的可就没那么容易了，搞不好还会成为别人的口中之食。怎么办？跟别人合伙吧。于是，合作狩猎模式开启。要合作，就得有福同享，不能老大一个人霸占所有性资源，大多数光棍的心情还是得照顾的，出力不讨好还怎么愉快地玩耍?

除了合作，武器也很重要。武器能刺向猛兽，也能刺向自己人。对外，武器的发明帮助人类在自然界转守为攻；对内，武器也弱化了部落成员间的体能差异。没有武器时，首领身强力壮，没人敢惹；可有了武器，谁输谁赢就不一定了。如果首领独占所有女性，光棍被逼急了完全可能趁其不备给他一闷棍。于是，再壮的首领也无法一人垄断性资源。从这个角度讲，一夫一妻制是合作模式下少数强者对多数弱者的妥协。

为了防性病，还是别“彩旗飘飘”了

演化经济学家也不甘寂寞。他们用数学模型模拟了人类社会早期的社会变迁史，结果发现，在“鸡犬之声相闻，老死不相往来”的小型部落组成的社会中，一夫多妻制的存在是合理的。

那时候，性病虽然会致死，还容易造成不孕不育，但由于人口少，这些疾病在传入一个部落后，很快就会随着感染者的死亡而消失。况且部落之间的交往不密切，所以最坏的结果也不过是整个小部落消亡，不会危及其他部落。虽然一夫多妻更容易感染性病，但放眼整个社会，性病并不会造成太大危害。况且一夫多妻制可以产生更多后代，利于扩大人口规模，所以一夫一妻制在那时并没什么竞争力。

但是当社会继续演化，社会群落人口规模变大，社会交往变得更密切时，情况就截然不同了。

在大型聚居群落组成的社会中，一夫多妻制下，性病更易大范围传播。传播范围越广，危害就越大，这就造成了一夫多妻群体人口规模的锐减。相比之下，一夫一妻制家庭就幸运多了。他们很少会感染性病，因此逐渐成为社会人口中的主流。而且，性病的威胁会促使社会打压更加危险的一夫多妻制。于是，男人的性狂欢终结，一夫一妻制取代一夫多妻制。

当然，以上所言都只是一些相对合理的猜想，至于到底哪个正解并无定论。

总之，与其说一夫一妻制是文明的产物，或许它更可能是进化的结果，是人类出于生存和繁衍的需要而形成的。文明看起来更像是生物演化的副产品。

同龄的女孩真的比男孩成熟吗？

生活中我们总能听人说，不要听得风就是雨，接到消息后需要自我判断一番。

这里有一个判断的原则，如果一句话描述的范围很大，定义很模糊，却用斩钉截铁、不容任何例外的口吻说出来，大家就应该警惕了。比如一句即便不被当作宇宙真理，至少也被认为是符合中国国情的话："同年龄的女孩比男孩成熟"。

女生更成熟的说法，从什么时候开始

首先，这个说法面对的是全体男性和女性，本身十分绝对。

其次，"成熟"这个词定义不清。如果一个人嘴里的"鸡"是另一个人嘴里的"鸭"的意思，就不要责怪这两个人鸡同鸭讲。"成熟"是什么意思在这句话里十分重要，不然这句话就会沦为纯粹的名词之争。

如果我们要摆脱这种鸡同鸭讲的名词之争，就得先了解这句话在公众视野里究竟包含了什么样的意思，是在什么样的语境里说出来的。

我们把这句话放到百度中进行搜索，会发现一个很有意思的现象，在首页的11个搜索结果中，竟然出现了5个和电影《那些年，我们一起追的女孩》相关的条目，这5个条目都与这部电影里的台词“成长，最残酷的部分就是，女孩永远比同年龄的男孩成熟”有关系。而且这句话在这几个条目里，都是用一种不容置疑的口吻说出来的。

是不是给人一种“钦定”的感觉呢？那么，在这部电影出现之前，网上又是怎么看待这个问题呢？

《那些年，我们一起追的女孩》于2011年8月19日在中国台湾上映，我们就把搜索时间限制为这一天之前，得到的答案却是完全不同的。在这些讨论条目里，这个问题大致有两种讨论方向：一，这是一个生理问题，意在说明女性比男性发育早；二，思想上、心理上同年龄女性比男性要成熟，这种成熟表现在日常生活和感情相处中。

有的条目兼二者而有之，认为生理成熟也影响心理、思想成熟。

相比起2011年8月19日之后霸屏的“成长，最残酷的部分就是，女孩永远比同年龄的男孩成熟”，在这一天之前对这个问题的讨论更接近理性讨论。“成长，最残酷的部分就是，女孩永远比同年龄的男孩成熟”则更像电影上映前后的营销宣传。

“同年龄的女孩比男孩成熟”在生理上成立吗?

要探讨这句话在生理上是否成立，我们得看一看与之相关的数据和指标，来判断是不是青春期女性比同龄男性发育早。

衡量青少年是否进入青春期有这样几个指标：睾丸与乳房发育、阴毛及腋毛发育、首次遗精与月经。

多份青少年性发育报告显示，根据这几项指标，女孩平均开始发育年龄都早于男孩。2013 年对北京、天津、杭州、上海、重庆和南宁六地区 6～18 岁的儿童及青少年的抽样调查显示，女孩开始乳房发育的中位年龄是 9.69 岁，男孩开始睾丸发育的中位年龄为 11.25 岁。

2006 年对烟台儿童及青少年的抽样调查则表明，男孩阴毛发育平均年龄为 12.77 岁，女孩则是 11.94 岁；男孩腋毛发育平均年龄为 14.55 岁，女孩则是 13.45 岁；男孩首次遗精平均年龄为 13.30 岁，女孩月经初潮平均年龄为 12.04 岁。

从第一和第二性征的发育情况来看，女孩进入青春期大体上确实比男孩要早。而在大脑发育方面，同龄女孩也比男孩要早。大脑里多余的神经连接会干扰不同的信息处理过程，随着年龄的增长，人类大脑会减少多余的连接，这一过程被称为“选择性分离”。而这一过程男性普遍比女性要晚。

日常生活中同年龄的女孩比男孩成熟吗?

某在线婚恋网站发布的《2015 年度中国男女婚恋观调查报告》

显示，男性自认为的最佳结婚年龄为 25～33 岁，女性则认为男性最佳结婚年龄是 26～35 岁；女性自认为的最佳结婚年龄是 24～31 岁，男性认为女性最佳结婚年龄是 23～29 岁。

也就是说，女性认为男性应该比他们自认为适合结婚的年龄更年长些，才符合她们适合结婚的条件。同时，男性则更希望女性更早地结婚，女性却认为自己更年长的时候才更成熟，更适合结婚，自己的适婚年限也比男性认为的长。

这样的认知差异，应该和男女双方在婚恋关系中各自看重的条件有关。

还是这份《2015 年度中国男女婚恋观调查报告》的数据，在婚恋中，男性更看重年龄、长相、婚史、是否有小孩这样的“性价值”和“生育价值”；女性则主要看重家庭条件、收入、有无房产这样的“经济价值”。

男女双方在婚恋中各自看重的条件

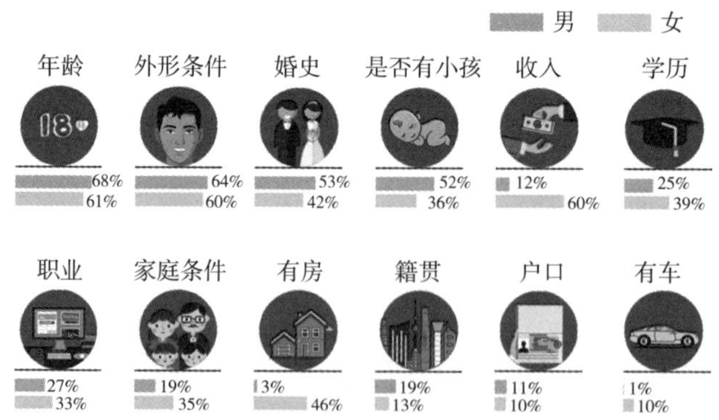

这样的选择，可以解释“男性期望的女性最佳结婚年龄比女性自身认同的低，女性期望的男性最佳结婚年龄比男性自身认同的高”这一现象。

女性比男性在婚恋关系里更认同“经济价值”也在这份报告的其他部分有所体现。比如，90 后女性认为理想伴侣的最低薪资为 6 534 元每月，而 90 后男性认为理想伴侣的最低薪资为 3 048 元每月。有 46% 的男性接受无房无车的“裸婚”，但只有 7% 的女性接受“裸婚”。

从这份报告的数据我们可以看出，女性更倾向于年长些的男性，可能是由于这样的男性更能满足她们的经济条件。她们对缺乏物质基础的“裸婚”更不抱幻想。当然，这份报告脱胎于婚恋网站的数据，而婚恋网站的受众相对来说会更急于谈婚论嫁，这个群体对现实的考量可能会高于大众平均状况。

更多地考虑经济条件，就是大众认知里的“成熟”吗？在某些语境下，是的。在婚恋关系中更少考虑经济条件，容易被认为是不切实际的幻想。

所以……这个话题结束了吗？

如果讨论就此结束，全文将和网上随处可见的声讨“拜金女”的帖子一个水准。但显然本文不想止步于此。我们还要看一看，为什么女性在婚恋关系中显得更“成熟”，更多考虑伴侣的经济条件呢？

在传统观念里，男女性的分工很明确，“男主外，女主内”。在这种价值体系里，男性更看重对方的性价值和生育价值，女性更看重对方的经济价值，即“你负责赚钱养家，我负责貌美如花”。

但我国的实际情况是，70% 的适龄女性投入职场，这一比率超过了美国和日本。但是受传统观念影响，职场上男女不平等仍然存在，比如男性的职场参与度高于女性，达到 84%；在相似工作岗位上女性收入只相当于男性收入的 65%。

当女性难以从职场竞争中获得应得的收入时，她们会倾向于依靠婚姻改变经济状况，因此在婚恋关系中女性会更“现实”，更多考虑经济条件。

但是这种“现实”如果被理解成“成熟”，推导出“同年龄的女孩比男孩成熟”这样的结论，甚至女性自身也默认这一结论，这对女性并不是好事，甚至可能是个陷阱。

“同年龄的女孩比男孩成熟”这种容易传播、容易记住且容易建立优越感的结论更容易被大众接受。这样的“刻板印象”会导致女性在男女交往中更容易看到男性不成熟的一面，在交往过程中降低耐心。男生则会产生对这种结论的心理逆反，并因这种逆反而建立“女性就是拜金”这样同样容易传播、容易记住且容易建立优越感的“刻板印象”。当男女都带着“刻板印象”看对方的时候，我们离互相理解又远了一步。

这种简单的结论也可能被用来伤害女性，比如有些老师、家长念叨的：别看女生初中学习好，等到高中发育完全了，后劲就不足了，男生会学得更好。

这种陈词滥调不过是“同年龄的女孩比男孩成熟”的推论，可怕的是，它很有市场。事实上，它一点也经不起推敲。2014 年，大学以上学历在校生里，女性占一大半（大学本专科 52.1%，硕士 51.6%。)。“女性学习后劲不足”的问题在于，认为生理发育成熟对学习是一个很大的影响因素，片面地弱化了努力等其他因素的作用，而且这一结论贴的是性别的标签。

同样的，“同年龄的女孩比男孩成熟”也把“生理成熟”“现实”和其他衡量成熟的标准，比如社交能力、处理事务能力、控制情绪能力等混为一谈，并且强调了性别这一天生的因素的作用，忽视了后天努力的影响。

尽管在青春期，生理上女性比男性成熟普遍要早，但是在社会意义上，一个人的成熟还是要考虑个人努力和历史进程。当一个人身经百战，从中学习了丰富的人生经验，或好吃懒做，从来没努力过，你并不能武断地仅凭性器官就判断他或她成熟或是不成熟。男女青年们，你们要记住，决定你们是否成熟的，永远是你对生活无尽的热爱，还有这种热爱推动你经历的一切事情。当你从中受到了磨炼，增长了见识，你就真正成熟了。这和你的性别关系不大。人生归根结底是你自己的。

美女会让男人智商降低？

自古就有“美人计”之说，且历代兵家屡试不爽。还有句古话叫“红颜祸水”，女子颜值太高，让夫君魂不守舍，甚至会闹得国家鸡犬不宁。唐玄宗为了多看杨贵妃几眼，可以“春宵苦短日高起，从此君王不早朝”；东周周幽王为博美人褒姒一笑，可以烽火戏诸侯。

类似的例子实在太多。所以一提到美女，除了让人心生期待、想入非非外，还隐隐地弥漫着一种不祥之感。男人们担心自己禁不住容貌诱惑，干出点傻事，毕竟前车之鉴太多了。

最近，来自亚洲的一项科学研究证实了这个经验之谈：漂亮女人确实会让男人变傻。所以今天咱们就来聊聊，漂亮女人是怎么让男人失去理智的。

美丽的女性令男人失去理智了？

最近，《神经学前沿》杂志公布了一项研究结果：颜值高、身材好的女人确实让男人防不胜防。在美丽的女性面前，男人无理由变傻，无条件失去理智，甚至无怨言接受女性提出的任何无理要求。

俗话说“金发女郎多愚蠢”，其实是指金发女郎会让男人变蠢；“女人胸大无脑”，应该改成“女人胸大，让男人无脑”。

研究者让大学男生观看300位女性的照片，随后让他们给照片上的女生钱——有些金额设定极不合理，并观察被试者的脑电波。结果显示，对于并不太漂亮的女生，男生的反应显得不那么迅速和积极。而只要是公认的美女，即便金额要求再不合理，男生也会统统答应。

如何留下好印象，就足以耗尽男人大脑的内存

为什么见到美女，男人就自动放弃分析和思考，大脑的运转开关自动关闭？

想想看，男士们看到漂亮的妹子，哪能看看就满足了，怎么说也要聊上几句，最好再留个电话什么的，要是能把下次见面的时间地点敲定，就太完美了。

所以，碰到美女，男人们最累的绝不是眼睛，而是大脑。他们要想的问题太多了，如如何给对方留下一个好印象。这并没有想象中那么容易。

首先，你需要克服一个非常要命的本能。

美丽的容貌触动了男士大脑的“满足中枢”，从而产生了满足

感和幸福感。科学家发现，当人们盯着美人看时，大脑会分泌一种叫阿片肽的物质，产生愉悦感。阿片肽还能刺激人们的食欲和性欲。

阿片肽还有一个神奇的作用，它能让你的眼睛自动加持美图功能，将眼前看到的女生的颜值自动提升一个等级。结果就是，你盯着这些脸看的时间会越来越长。

2010 年发布在《性行为档案》上的一项研究显示，相比于不漂亮的同伴，男性目光在漂亮脸蛋上停留的时间会更长，前者的停留时间只有 4.51 秒，而后者是 8.20 秒。

所以说，看美女看得出神了并不是电影、电视剧里虚构的桥段，“越看越想看”也不是自己能控制的，一旦被美女吸引，大脑就会发出高级指令，让你“看吧、看吧、尽情看吧”。而这时候你残存的理智又在告诉你“不能盯着看、不能盯着看”。这两种意识就在你脑子里打翻了天。

结果往往是，男人没法正常思考了

男士还得琢磨怎么能礼貌地和美女搭讪。“你真美啊”这种既没信息量又没技术含量的恭维方式肯定不行，搭讪要自然，最重要的是得让美女愿意和你说话……不费脑细胞行吗？

荷兰奈梅亨大学的心理学家发现，男士看到女士后要想很多问题，这占用了大量的脑力，在思考其他问题时，大脑的运转能力自然就降低了。

科学家们做了一项实验，让男士先和美女交谈，然后马上参加考试，结果男士们和美女交谈时无法正常思考，即使交谈结束，他们仍“头昏脑涨”。

和美女打交道太烧脑，有位被试者为了在美女面前好好表现，甚至当对方问自己家庭住址时脑子里一片空白。心理学家认为，这位男士极其渴望给对方留下好印象，这个念头占据了他大部分大脑认知资源，使他临时变傻。放心，只是临时变傻。

所以，“美人计”也是有科学依据的，这在心理学上叫认知资源理论，被施计者见到美女后心猿意马，戒备心下降，往往容易中圈套。

话说回来，“美男计”似乎不太奏效。在荷兰心理学家的试验中，女生们也成为被试对象，被要求和各种帅哥们见面。然而，和男士不同，女生们仍能保持正常思考。女生的大脑并不会苛求自己一定要讨得男士欢心。

酒后乱性是真的吗？

酒后失言、酒后失德、酒后失忆，反正一杯酒下肚我们好像可以丢掉很多东西。一句“我喝多了”真的可以解释一切错误的源头？

酒后和乱性有关系，但要成事火候还差点儿

不得不承认的是，酒精和性反应之间确实有点儿微妙的联系。英国布里斯托尔大学实验心理学系的研究者们曾征集 84 名饮酒的异性恋单身学生，分为两组，分别饮用酒和饮料后，评估 40 张照片对自己的吸引力，并且在 24 小时后再次做出评估。得到的结论是，不论男女，酒精能让人们看别人更顺眼，也就是“酒鬼眼里出西施”。

不过，如果过量饮酒，这种关系就不明显了。

这和科学家对血液酒精浓度（BAC）的研究达成一致。研究表明，当血液酒精浓度达到 0.025%，也就是小酌几杯，刚刚微醺的状态时，男性的性反应的确会提高；而浓度超过 0.05% 后，男性的性反应就会直线下降。当 BAC 值继续升高，到了说话都含糊不清，

动作失调，甚至钻桌子空的地步，且不说乱性，就连站起来也成了问题。

即使到了如此疲软的地步，华盛顿大学 2008 年的一项实验还是证明，醉酒与否对男性的勃起状况并没有显著影响。这与 29 年前的研究结果也是吻合的，也就是说酒后“作案”的条件是存在的。

但是，醉酒后的性行为，并不会给人们带来多大快感，因为酒精能够麻痹男性和女性生殖器组织中的细胞，导致女性在大量饮酒后难以性唤起，而男性则难以射精。1979 年马拉特斯塔、波莱克等人的研究就给出这样的数据：血液酒精浓度达到 0.09% 时，男性基本上没法射精。所以，其实真正烂醉的人更想睡觉，而不是想和异性“睡觉”。说到这里，所谓“酒后乱性”，你觉得是科学问题还是人品问题？

在大陆法系（尤其是德语系国家）刑法学中有一个重要概念，叫原因自由行为，大意是说，那些想要用酒精饮料或其他麻醉剂之类的物品使自己处于丧失刑事责任能力状态的人，在酩酊状态下犯下的本不该犯的罪过，是会受到惩罚的。不过，国内目前对原因自由行为的探讨并不多。

“断片”，大量酒精让脑细胞互相失联

敢做不敢当是人品问题，但“什么都不记得”还真是个科学问题。许多人都有过一觉醒来不记得自己干了什么，旁人不拿出

点证据他怎么也不肯把那些行为和自己联系起来的经历，这就是“断片”。

人们通常认为，“断片”是酒精杀死了脑细胞，但美国华盛顿大学医学院研究者发表在《神经科学杂志》上的研究表明，醉酒的人并没有被麻痹，他们还在接收信息，只是负责形成记忆的那部分脑细胞在突如其来地遭遇这么多酒精以后，会“找不到来时的路”，就这样断了与其他细胞的联系，所以接收到的信息不会转化成记忆。

然而，这种情况也只会在“极大量酒精的刺激下”才会发生。

人不喝酒，天诛地灭？

把一样物质和一个社会概念——“责任”扯上关系，我们如此“拔高”酒精也反映了人究竟有多爱喝酒。据不完全统计，全球每年消耗约 2 000 万立方米烈酒、2 000 万立方米葡萄酒以及 2 亿立方米啤酒——相当于 8 万个水立方泳池。

人类为什么被酒迷得如痴如醉？

爱酒这回事儿追溯起来可不赖我们。小至果蝇、蝴蝶，大到野猪、大猩猩都爱这杯中物；马来西亚西部森林里的笔尾树鼩更是个大酒鬼，每天晚上要花近两个小时泡在巴丹椰这种酒精度和啤酒差不多的果子里。以它们的酒量和体积测算，一个成年人喝掉两瓶干红才能达到它们的血液酒精浓度。

在自然条件下，酒精往往同糖分丰富的食物联系在一起。那些对酒气更敏感的动物，往往能获得更多能量，使得它们在生存竞争中获得胜利。所以，要问人类为何嗜酒，“这是祖先遗留的生存智慧”倒是实话。

酒虽尽兴，可也不能贪杯

即使人们如此迷恋喝酒带来的如痴如醉的感觉，但也一定要把握好饮酒的度和饮酒方法，因为喝酒的确不是件好事儿。

酒精带来的危害主要来自乙醛，撇开乙醇本身的毒性不谈，在动物实验中做癌症模型诱变剂的就有乙醛。一杯酒下肚，大约 5% 通过尿液排出，5% 通过呼吸排出（这也是交警判断酒驾的基础），剩下的 90% 都得仰仗肝脏。在这里，酒精首先要经过代谢得到乙醛，乙醛进一步转化为乙酸，乙酸再参与到体内的多个代谢途径中去，最终变成二氧化碳和水，排出体外。

但事情并没有看起来这么顺利。人体代谢酒精的速度是有限的，一小时大约只能处理一听啤酒，来不及代谢的乙醛就在体内堆积起来，导致各种醉酒症状。

不过，来不及代谢还只是个小问题，人们可以靠喝酒前先吃点儿东西或慢慢饮酒、多多吃菜来缓解这些问题。而负责乙醛转化工作的乙醛脱氢酶的缺失则是个不可更改的基因缺陷。这种基因缺陷在亚洲人身上尤其明显，44% 的日本人、53% 的越南人、27% 的韩国人和 30% 的中国人都受到“亚洲红脸”的困扰——这种还没喝多少，自己也没觉得醉，脸就已经红通通的现象就是由体内乙醛堆积导致的。

不过，长期饮酒确实会使肝脏里负责解救的酶数量增加，人脑也会适应泡在酒里的生活。但在提高酒量的同时，你让体内积累了更多的乙醛，随之而来的性功能下降和营养不良都只算小症状，肝硬化和胃、食管在酒精刺激下产生的溃疡甚至癌变会带来更大的麻烦。

喝酒真是一件无法善后的事儿，有多少酒精进入体内，你的身体就要代谢多少。各种所谓的解酒良方也只是补充了人体所需的物质，帮助人体恢复正常的生理功能，让人好受一点罢了，对于酒精本身并没什么作用。

出轨这件事，男女有什么不同？

出轨这个事情一向很容易戳中人们的激愤点，在这个领域从来不缺骂声。近些年来女性的出轨率正在赶超男性，骂小三的声音不绝于耳。那么，男性和女性在出轨倾向方面到底有没有什么不同？

花心谁不想？奈何生个孩子太花时间

在充满残酷和危险的原始人世界里，延续种族的生存才是王道，因此男性倾向于与更多的女性进行交配，让自己的基因有更大的可能传承下去。而在这一点上女性的目的也是一样的，也想尽可能地繁衍自己的后代，但是她们每生一个孩子就要付出比男人多得多的努力，10 月怀胎不说，女人的身体平均每 29.5 天才产生一个卵子，错过一次就要再等一个月，自然没法像男人一样，有那么强的欲望，为了后代繁衍到处去“投资”。不过，女人们似乎更擅长这方面的投资，她们会挑选适合照顾后代的人来交配，而不是随随便便找个人就交配。

这个在进化心理学上的经典理论一直被当作“男人比女人更容易出轨”的如山铁证。一些后续的研究结果似乎都在验证这个结果。

英国斯特林大学和格拉斯哥大学的心理学家通过给被试验者展示异性照片的方式进行研究，结果显示女性认为熟悉的面孔更具吸引力，而男性总是喜欢新鲜面孔。

对男性来说，那些他们已经看到过的女性面孔是缺乏吸引力和性感的，研究人员表示，这一结果可能部分解释了“柯立芝效应”。这个效应的意思是，如果引入新的可受孕伙伴，雄性和雌性的哺乳类动物都会表现出持续、高亢的性行为，但是雌性表现出这种效应的程度还是比不上雄性。

实验过程是这样的，把一只公鼠和四五只处在发情期的母鼠一起放到一个盒子里。公鼠马上会和所有的母鼠开始交配直至最终精疲力竭。虽然母鼠会继续触碰和舌舔向公鼠求欢，但公鼠不会再有响应。然而，一旦有新的母鼠被放入盒中，公鼠又会变得警醒，再次焕发能力与新的母鼠交配。

这个效应同时在人类生理学方面得到验证。演化生物学家认为，“柯立芝效应”可以解释为什么男性比女性更花心。简而言之，女性其实也想花心，因为各种因素限制，在这方面跟男人比还是逊色太多。

女性比例少你也敢出轨？小心被踢走

但是，我们不能无视事实。女性的出轨率正在逐渐追赶男性，美国全国民意研究中心 2010 年的一项调查表明，跟 20 年前比，女人的出轨率增长了 40%，原因大致是女性更多地加入到工作的领域中来，有很多的出差机会。要知道，在出轨的各种情况中，半数以上与工作相关，而出差途中则是“重灾区”。

美国犹他大学的学者对经典的进化学理论提出挑战，对圭亚那（拉丁美洲国家）的一个印第安族群部落进行了16个月的研究。这个群体实行的是一夫一妻制，男女地位平等，婚前性行为属于该部落的正常情况。

研究人员在与部落居民混熟以后开始采访他们，最终发现，男人是否出轨和他的圈子总共能接触到的女性数目相关，如果他能碰到的女性数量比较多，那么他倾向于到处“睡”；而在男性数目明显比女性多的部落里，男人对婚姻就比较忠诚。

这跟市场理论很相近，女人多了，男人对自己的伴侣不满意很容易就能替换一个；而女人少了，男人本身就没有太多选择并且很怕对方把他给换了。

研究人员把眼光转回美国，结果发现，一些男性数目比女性多的地区，往往结婚率更高，婚姻更稳定，婚外生子的概率更少。

这个研究最后的结论是，是的，从进化和生理的角度看，男性和女性选择不同的配对策略，但是这些策略是灵活和有前提的，和有多少异性资源密切相关。

男性对于女性出轨更宽容？看跟谁出

美国得克萨斯大学的一项调查发现，有50%的男性会原谅他们的妻子跟同性出轨，但只有22%的人会原谅妻子和异性出轨，因为男性更倾向于认为女人和女人之间发生关系这事儿一点也不色情，也完全没可能导致怀孕；但是女性只有 21% 会原谅自己的丈夫与同性出轨，28% 的人会原谅丈夫和异性出轨。

虽然男性出轨数量仍然比女性多，但对女性出轨的态度比较严苛，进化学给予了他们这么一个借口：女人 100% 能确定自己的孩子是自己的，但是男人怎么能确定女人生下的孩子是自己的呢？万一帮别人养了孩子怎么办？因此他们把女人和同性的出轨更多当作精神上的出轨，而精神上的出轨并不会给他们带来既威胁繁衍又玷污名誉的“喜当爹”危害，便胸怀大开。

与此相反，女性更不愿意男性精神上出轨，因为男性一旦对别的女性产生情感上的依赖，便有很大的可能付出精力给和别的女性生出的孩子，这样就占据了男性本该给自己原配孩子付出的资源。不过进化学认为，这种情况会随着年龄改变，当女人已经把孩子养大后男人再出轨，女人也就没那么介意了，因为孩子已经长大成人，不需要再劳心劳力了。不得不说，从这方面来看，母亲的确伟大。

当然，现代社会的婚姻关系不仅与生理进化有关，还有更多的人性和契约的性质在里面，因此出轨问题也变得越发复杂了，比如一些让人迷惑不解的数据：约 88% 的出轨男性并不认为他们的情妇比自己的正牌夫人更有吸引力，一半以上出轨男性认为自己的婚姻是相当幸福的……

为什么“秀恩爱”会被讨厌？

恋爱是两个人的事儿，为什么有些人会乐此不疲地“秀恩爱”？而过度“秀恩爱”又为什么会被讨厌呢？

最高调和最文艺的“秀恩爱”方式

“秀恩爱”在英文中叫 PDA（Public Display of Affection），这个词儿挺新，但“秀恩爱”的行为却是不分种族、年代和国家的，一直存在于世。

中国古人往往不能自由恋爱，但是父母之命、媒妁之言，到了婚礼的时候，还是要秀的。古人云，婚礼是“合二姓之好，上以事宗庙，而下以继后世也”，这是很重要的事，必须广而告之，向亲友父老、街坊邻居宣布夫妇关系结成。这种婚礼形式的“秀恩爱”，更多是为了宣布和巩固男女双方的性别角色和社会责任。

除此之外，古人也有古人“秀恩爱”的方法。比如西汉的大臣张敞，经常给老婆画眉毛，闹得满长安城都知道。有好事的跑到汉宣帝那里告状，说这个恩爱秀得太高调了，全城老百姓都知道，有损大臣的体统。皇帝也多事，找张敞来问话。张敞回答说：“臣听说，闺房之内、夫妇之私，有比画眉更过分的事啊。”皇帝想想有道理，就没责备他。这件事还被写进了《汉书》，流传千年，这个恩爱秀得可是旷古烁今。

还有一个非常牛的秀恩爱例子，李白的“桃花潭水深千尺，不及汪伦送我情”跟它比起来都不算什么。同样是唐代诗人，元稹和白居易这一对好友真是恩爱情深。元稹在四川阆州西寺的墙上写满白居易的诗，而白居易则写元稹的诗上百篇，做了一个屏风。白居易还给元稹回信说：“君写我诗盈寺壁，我题君句满屏风。与君相与知何处，两叶浮萍大海中。”

在社交网络“秀恩爱”，完全停不下来好吗？

在当今这个社交网络时代，“秀恩爱”简直成了情侣们喜闻乐见的日常娱乐活动，在个人主页上稍微刷新一下，就有铺天盖地的情侣自拍和情感告白扑面而来。

一些单身党们则默默举起了火把，在网络上组建起烧死情侣的象征军团并控诉着：“在网上秀得这么高调，有必要吗！”

美国社会学家欧文·戈夫曼曾提出“拟剧理论”，将社会中的人比作舞台上的演员，而舞台大体分为前台和后台两个区域。大家在前台，也就是在能被别人看到的地方，利用外表和举止表演出希望被人接受的信息，后台则是演员离开前台，进行休息和缓解表演紧张的地方。

如今大众栖身的社交网络，则完美地将后台搬到了前台，这下所有人都能是全天候的演员了，无论人前人后。在离开群体的地方，社交平台上发表的文字和图片都是很安全的面具，我们可以戴着它们表演自己理想的形象，就连自称女汉子的姑娘自拍前也要纠结好几个角度。

理想的自我形象经营在社交平台上是极重要的，一般来说，人们都希望展现自己优秀、美观、受欢迎的一面。而“秀恩爱”，就更能表现自己的生活质量和优秀的吸引力，对于社交形象当然是加分项。

你们的恩爱，别人的“垃圾信息”

其实现在社交网站上“秀恩爱”也要小心了，“秀恩爱、死得快”早就被键盘单身党们传成一句诅咒箴言。

在美国一本名叫《关系科学》（The science of relationships）的书中，学者们通过“脸书”进行了“秀恩爱”实验，研究结果显示，那些经常在社交媒体上展示自己充实生活和不停“秀恩爱”的人是极其不受他人喜欢的。

哈佛福德学院的社会心理学家本杰明勒教授说：“在‘脸书’上，如果你对社交关系过于做作，会很危险，因为即使你的朋友们知道你过得很好，他们还是会更加不喜欢你。”

社交网络上的“秀恩爱”被很多人嫌弃，则是因为它出现的频率太高，让人无法摆脱。一个人过度私人的信息，在另一个人的脑海里会被定义为“无用信息”。而那些频繁秀恩爱的人，在别人眼里或许就如同大街上散发无用传单的推销客。试想一下，若这种推销客三两步一遇，是不是非常令人讨厌？

所以说，“秀恩爱”固然有需要，但还是要有个度，过度了就会被人厌恶甚至声讨，什么时候被拉黑了可能都还不自知呢！

为什么女神也不能消灭“生活作风”问题？

据科学家研究，“生活作风不端正”其实是进化的选择。基于人类原始基因的背叛与忠诚，无论你接不接受，它都在那里。

今天，我们就来聊一聊这个让人不相信爱情的话题。

“忠贞激素”治不了不忠

从进化的角度来看，女性在性伴侣的选择上更为保守，本身就是人类顺应优胜劣汰的本能反应——男人为了确保基因的散布，最有效的方式就是和尽可能多的女人发生关系，生出尽可能多的孩子；而女人的受孕概率有限，怀孕周期漫长，又需肩负养育重任，生物投资成本比男人高许多，因此，她们会更希望物色到一个年轻力壮的男人作为长期依靠。

女性在被迫忠贞的同时，当然也想拴住男人。电影《女人不坏》中，周迅饰演的科学家欧泛泛发明了一种“爱情贴”，其中含有的激素能让爱情长久、两性忠贞。这种“忠贞激素”现实中确实存在。

英国神经生物学家的研究发现，动物界的“模范丈夫”——大草原田鼠中的雄鼠，之所以一旦交配后就对“第三者”失去兴趣，是因为大脑中脑下垂体分泌的一种激素——后叶催产素。神经内分泌学家休·卡特给雄鼠的大脑注入一种化学物质，阻断后叶催产素的分泌，结果“模范丈夫”立刻变成了“鼠渣”，抛弃曾经深爱过的伴侣，胡乱交配。

人体内是否也有这样的“忠诚激素”？答案是“是的”，但它的运行和机制则要复杂得多。人类的情爱活动与多种激素有关，后叶催产素与多巴胺、苯乙胺等协同作用，让人产生爱和依恋的感觉。

但是，很不幸，我们的大脑不可能长期不断地大量释放这些物质，因为神经细胞只有受到新异刺激时才会兴奋。美国康奈尔大学生化博士辛迪·奈克斯对 37 种不同文化中的 5 000 对夫妇进行测试，得出的结论是：爱情的保鲜期是 18 至 30 个月，这足够男女相识、约会、结合和生子，但之后，人体对这三种物质产生的抗体，则会使“爱情鸡尾酒”逐渐失效。

男性为什么有不忠贞的特权？

“忠贞激素”不能保证两性间的长期稳定关系，那靠什么来维持一夫一妻制的长期存在？这种稳定的结构对社会的好处是显而易见的。在西方，一夫一妻制在天主教会的统治下达到最严苛的程度，它甚至不允许离婚，都铎王朝亨利八世为和第一任皇后离婚，和罗马教皇闹了六年，最后单方面宣布英国脱离天主教会才勉强离了婚。

在很长一段时间里，中西方同时对婚姻中的“性”采取压制的态度。天主教一度将“性”视为最大的“罪”，任何谈论床上技巧的行为都被认为是下流举止，丈夫与妻子的性生活不能超过“刚需”，一般一个月一次就好，一个星期一次是容忍的上限。而在中国，夫妻间举案齐眉、客气且克制地保持距离才是“正途”，而任何超越生育目的的床笫之欢、闺房之乐，即为“宣淫”。

但是，教皇和皇帝都知道，压抑并非婚姻的解药。欧洲天主教会在行动上一方面严厉限制婚姻性伦理，一方面却允许妓院的合法存在，甚至与妓院分享利润。妓院在一开始就以私人方式盛行于欧洲，经营者中不乏高贵人士。欧洲曾出现过一家教会妓院，女员工要么在祈祷，要么在服侍客人（客人仅限于基督徒）。史载罗马教皇朱利对此印象深刻，回罗马后也创立了一家类似的妓院。

而在中国，纳妾制度多少缓解了中国男人，尤其是上层阶级男人的性压抑。另一方面，妓女这一职业一直长期合法存在于各朝各代，其间明初、清初曾一度禁娼，但很快又死灰复燃，也一定程度上解决了这一矛盾。

女性比男性更忠诚吗？

尽管两性间存在着如此显著的差异，但有一点是相同的——权力是最好的春药。不要骂“男人都不是好东西”，只要拥有更多的权力，女性一样会出轨。

荷兰研究者对 1 000 多名职场中人进行了调查，结果显示，权力和不忠存在正相关性，也就是说，越是权力大的人，出轨的倾向就越强，而且实际出轨者的比例也越高，这主要是因为权力大者更为自信。而最出乎研究者意料的发现是，出轨的倾向性竟然没有性别差异。在两性地位和性伦理的演变中，权力从来都扮演着重要角色。

随着工业文明的到来，女人被机器解放，获得与男人同等的教育权利、工作机会及政治权利，西方以两性平等为基础的新的性道德由此形成。而乘坐“五月花”号到北美开拓新家园的欧洲清教徒，无论男女，齐心协力、赤手空拳建立家园，这种因男女充分合作而产生的平等主义，多少有助于美利坚的第一代公民以平等、尊重的眼光来看待女人。

欧美男人的“暖男”形象由此奠定。美国政客像他们早年的新英格兰移民祖先一样，将家庭的团结作为美国精神的象征，在各种场合都竭力保持着“家庭男人”的形象。世界上很少有政府官员会像美国总统或国会议员一样，在竞选时带着妻子、儿女同台亮相。

这些变革并没有杜绝背叛与不忠，但它提高了男性背叛与不忠的道德成本与风险成本。

在人类数千年的文明史里，我们最常看到的是男人不知疲倦地开拓婚外性行为，女人似乎天生占据着性道德的高点，以至于容易忽略了事实的另一面：女人只是在生物基因上“被迫”设置为保守模式，并在长期弱势的社会地位中被施以更为严苛的要求。

至少从社会和生物进化的角度看，一夫一妻制是人类进化的成果，而背叛与不忠是基于人类原始基因的刺激与反应，无论你接不接受，它都在那里。

实用道歉技术指南

道歉这个词大家听起来一定不陌生吧。今天，我们就来讲一讲，如何科学有效地进行一次感人而真诚的道歉。

你以为道歉多有用？

从小老师就教育我们，勇于承认错误是一种良好的品质，比如列宁打碎姑妈花瓶后写信道歉的故事；但老师们从来不讲背后的低成本和高收益。

道歉，是避免社会拒斥和结束关系的最低成本行为。可是，请不要就此高估道歉的作用。

伊拉斯姆斯大学和伦敦商学院的三位教授做了个实验，先给每位志愿者 10 欧元，然后让他们被搭档骗走其中 5 欧元。紧接着，实验人员将志愿者分为两组，一组收到了来自搭档的真诚道歉，另一组被要求想象搭档向自己道歉。结果是，画出来的烧饼竟然比真实的烧饼更能充饥——想象道歉的那一组，比实际被道歉的那一组心理感觉更好。

这究竟是为什么？

烧死他？原谅他？我们的原则在哪里？

当然，上面的实验并不是说道歉其实没什么用，而是要告诉你，不要以为道歉可以解决一切，也不要因为一句走心的“对不起”丢出去后沉到海底没反应而委屈不平。

其实，对于犯错者，我们的大脑是有数的，最大的原则就是——你是不是故意的。

先讲一个故事。两个人去登山，半路上甲故意弄断乙身上的绳子，因为他对乙美丽的妻子觊觎已久，但乙摔下去后是什么情况就不得而知了。这个故事后来又传出另外一个版本，说绳子其实是不小心弄断的，乙径直摔下去，支离破碎、血肉模糊。

这两个版本给人的感觉肯定是不一样的。第一个版本可能会激发大家心里的魔鬼，“烧死他！烧死他！甲这个坏蛋！”但面对第二个故事，天使和魔鬼都沉默了。

这其实是哈佛医学院的一个实验，其关键就在：是否故意。

把这个用神经影响数据显示出来就是，当参与者感觉甲是故意把乙弄死的时候，与情绪激发相关的大脑区域，比如杏仁核，就会像火炉上的开水一样躁动；但在听第二个版本时，尽管有更加血腥残忍的场面，但参与者知道甲不是故意的，颞内侧前额叶回路就会跳出来对易怒的杏仁核说：“别冲动！”

如何让真诚的道歉变得有效

撇开那些不走心的道歉程式，接下来我们就来说说，如何让真诚的道歉变得有效。

跨文化语言行为实现项目分析了 7 个国家的道歉，总结出道歉的基本化学成分：语言表达（比如“我很抱歉”）、解释、承担责任、补偿和承诺。

举个例子。大家经常拿《还珠格格》中紫薇和尔康这对情侣的道歉情景开玩笑，但是，所有跟女朋友吵架得不到原谅的男人，请注意，你可能错失了大师的人生指导，导致人生在下坡路上一去不回。

当紫薇为尔康和晴格格浪漫的诗词往事吃醋时，尔康是这样说的：“好，我错了，好不好？我不该跟她看雪看月亮，不该跟她谈了整整一夜，不该跟她从诗词歌赋谈到人生哲学。以后我只跟你看雪看月亮，彻夜长谈，从诗词歌赋谈到人生哲学。”

抛开绕来绕去的风花雪月、诗词歌赋，我们看一下这段话的要素：清晰明了的语言表达方式——“我错了”，错就错在“我不该”；个中缘由，看过《还珠格格》的读者应该知道尔康此前是解释过的，补偿就是“以后我只跟你……”等。

但是，正如紫薇所言，他们中间夹了个美丽大度又智慧的女子，该发生的不该发生的都已经发生了，责任谁来担？而且除了晴儿，还有个仰慕尔康的金锁，以后怎么办？

这些在上一段道歉中没有讲明的“承担责任”和“承诺”，尔康又用一大段补齐了，大概意思是：你属于我，我属于你；你别想了，给我时间，我来扛。

紧接着，重头戏来了——尔康聊起了前一天大醉会宾楼的事情。这段话着实是道歉的范本，特意摘录如下：

> “昨天我看到你在会宾楼灌酒，我心痛得快要死掉了，就是脾气强不肯认输。后来你醉得人事不醒，和小燕子搂着唱歌，我又没办法让你清醒，当时我真恨不得把自己给杀了；回到宫里以后，又眼看着你被太后抓走，我没办法救你，我急得快死了；再后来听说你被冲冷水关暗室，我再度心痛得要死了；这一天一夜你过得好辛苦，我也是九死一生。原谅我了吗？”

节选自琼瑶小说《还珠格格》

痛死、自杀死、急死、再痛死，一共四个“死”，虽然不到“九死”，但紫薇这么有灵性的女子，想想平日的情义和宫廷生活中的陷阱，立马就能感同身受了。所以，虽然肉麻点，但这段话完美地启动了道歉的作用机制——共情。

有效的道歉必然能引起对方的共情，让对方觉得，你看我也是个有血有肉、有情有欲，每天叫外卖、挤地铁的平凡人。当共情产生之后，受害者就会对冒犯这件事情做出更积极的归因，如“哎呀，不怪他”，继而忽视冒犯行为。

于是，在尔康声情并茂地说完这段话后，紫薇泪眼婆娑地说了那句“山无棱天地合，才敢与君绝”。当然，结局肯定是美好的。

不过，共情这玩意儿究竟如何用到点子上，那就是双方之间的博弈了。只能说，一条绳上的蚂蚱更容易原谅彼此，不管你们是够亲密还是共同利益纠缠不清。

实在不行，就只有出撒手锏，谈承担责任的问题了。“对不起”“不好意思”之类的陈述都太弱了，这种否定式请求原谅语其实是一种维护自己面子的方式，当然，这也就是道歉的成本。

为什么每次女性受侵害，总有人要她自重？

确实，为什么很多时候明明女性本身才是受害者，却总有人跳出来声讨她们，要她们自重？看看日历，确定如今已经 21 世纪了，不再是封建社会，可为什么这种观念还会如此根深蒂固？

为什么会觉得受害者应该被谴责？

受害者被谴责为不小心、不知道保护自己，这种事情其实并不仅仅发生在女性身上。

2015 年，中国人樊京辉被 IS 绑架杀害，网络上也有很多人发表了这样的言论：明知道那里很危险为什么还要去？这种给国家添乱的人不值得同情。更早在伊拉克探寻历史遗迹被抓的北京大学学生，也遭遇了类似的评判。

以上事件和女性被侵害有一个共同点：伤害者的力量强大，一般人难以抵抗。

大多数人的脑子里存在着一种幼稚的“公正世界假设”。他们相信世界是公平的，如果老老实实做人，不招惹是非，一定会平平安安。而出意外的人，一定是自己犯了错误。

这种潜意识，能够缓解人们对充满偶然的世界的恐惧，获得安全感。而为了维持这种虚假的安全感，他们会尽力把坏事发生的责任，都推到受害者身上。

女性在被侵害中到底犯了什么错？

道德谴责的另一种原因，是认为被谴责的人没有尽到应尽的义务。而在谴责者看来，女性的义务是保护自己的贞操。不过女性的贞操并不属于自己，而是属于她的丈夫。一个女性受到侵犯，伤害的主要不是她自己，而是她丈夫保证自己后代血统纯正的权利。

所以，一般人会认为一个良家妇女被侵犯，比一个性工作者被侵犯更值得同情。因为后者被侵犯，不管她自己受伤害有多重，几乎没有伤害哪个男性的贞操所有权。

作为女性，应该努力保护丈夫或未来丈夫的贞操所有权。

即便是在 20 世纪 50 年代的美国，人们也普遍认为女性在遭遇强奸时应该极力抵抗，否则就不能证明自己受到强奸。

女性行为检点，可以避免被侵犯吗？

女性受害者被谴责的一个常见理由，是她们行为不检点，比如轻信陌生人、进入危险的区域或者穿着暴露。事实上，穿得保守或者暴露，跟女性是否容易被侵犯并没有关系。

强奸犯是理智的，他们不会冒太大的风险，去侵犯一个看起来很厉害的女性。像食肉动物一样，他们会挑选缺乏反抗能力的对象下手。至于穿成什么样，并不在他们的考虑范围内。

下面我们来看看另一个可以证明女性是否受侵害跟自己的穿着、行为无关的事实。

众所周知，除了中国人喜欢谴责女性不检点之外，还有另一些国家对“女性自重”特别关注。高达 86.5% 的沙特阿拉伯男性认为，女性的装扮是导致海湾国家性侵犯案件上升的主要原因。而根据宗教法律，这个国家的大部分女性要从头到脚穿上黑色的罩袍，不能开车，尽量避免与陌生男子交流，以避免刺激男性的强奸冲动。

按照“女性自重”的说法，这个地方应该性侵害发生率很低了。不过女权研究组织 womenstats 的调查数据会出乎你的意料。

一般对性犯罪的统计数据，只计算强奸案的发生率——也就是警察机构记录的案件数量。于是美国、瑞典、比利时、英国都高居前几名。

但是，你得考虑这个因素——欧美国家受到侵害的女性更愿意报案啊。

而在沙特阿拉伯，一个女性要告一个人强奸，需要有 4 名证人作证，而她本人和家族则要承受巨大的社会压力。至于犯罪者受到的惩罚，往往微乎其微。

一桩令人震惊的案例是，一名 19 岁女孩被同车男性绑架轮奸，最后犯罪者被判处 3 到 5 年监禁，而这个女孩则因为“不应与陌生男子同车”被关押 6 个月，还挨了 90 皮鞭。

考虑到法律、社会习俗对女性报案意愿的影响，最终这个研究机构得出的结论是：在沙特阿拉伯和海湾地区，强奸和性侵的发生率远远高出其他国家。

如果你还坚持认为被侵害是女性的错……

如果你还坚持认为被侵害是女性本身的错，我们只好以毒攻毒，换个方式给你上一课了。

我们来说一说美国的监狱。联合国禁止酷刑委员会 2006 年 5 月 19 日发表的报告显示，美国监狱至少 13% 的在押囚犯曾遭受性侵犯，许多人“多次遭受性侵犯”。据估算，在 1996 到 2006 年，美国监狱中受到过性侵犯的囚犯超过 100 万。当然，其中大多数是男性。如果你看过《肖申克的救赎》，应该还记得肖申克在监狱中被一群罪犯轮奸的事。

在美国官方对监狱性侵犯展开的调查中，监狱里的犯人会被强迫与其他犯人发生性关系以抵消债务，或者有的犯人利用这种方式来获得毒品——以一种满足他人支配权和征服欲的方式换取自己的利益。

而监狱性侵犯，也早已成为美国人自黑的老梗。

柔弱、抵抗力小的年轻男子是监狱性暴力的主要受害者。1937年曾在美国阿拉巴马州一间监狱服过刑的海伍德·帕特森（此人是制造了美国历史上著名民权案件的9名斯科茨伯勒男孩之一）曾经写道，在监狱中年轻的男孩子常被殴打至屈服，最终变成了在每周末像街头妓女一样到处“卖”自己的可怜人。

1980年，路易桑那监狱报纸的一名编辑以其一篇关于监狱中性侵犯的文章在全国新闻界名噪一时。他在文章中说，监狱中的强奸……和暴力、监狱政治、显示权力相关；而被强奸的人则会在这样的“文化”氛围中被定型为一个女性角色，成为“征服者”的财产和毫无争议的奴隶。

你会说这些监狱中的性侵受害者是因为穿得太性感，或者作风不检点吗？

CHAPTER 3

自卑，
是因为土吗？

重新认知优雅

红配绿“土得掉渣”

红配绿在很多人眼里意味着“No”！关于红配绿的民间俗语太多了，“红配绿真俗气”“红配绿丑到头”……总之，多数情况下，红色和绿色的搭配，给人一种“土得掉渣”的感觉。

红色和绿色单看都是正常的颜色，怎么搭配在一起就讨人嫌了呢？为什么红配绿会让人感到一股浓浓的乡村田园气息？

红色和绿色是色相环上最遥远的距离

从色彩学上说，红色和绿色是对头。它们在色相环上的关系是这样的：

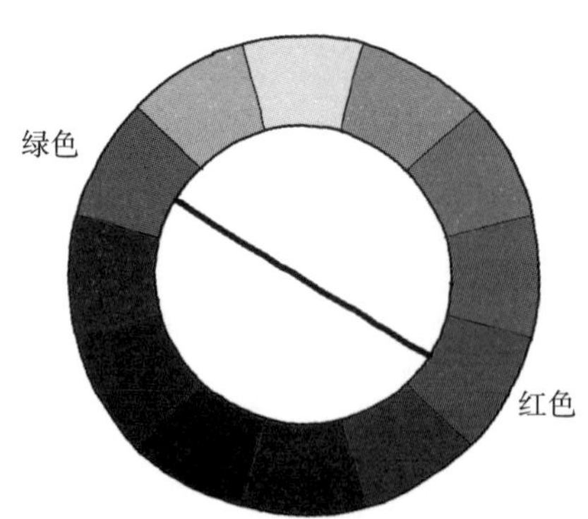

看见了吗，它们之间整整隔了 180 度。红色和绿色之间排斥度大，是一对互补色。这就意味着，红、绿色彩放在一起会造成极强的视觉反差，使得色彩对比达到最大鲜度，并强烈刺激感觉器官。

在这种强烈映衬下，红的会越发显红，绿的就越发显绿。考虑到这一点，“红绿灯”就作为区分“停”和“不要停”这对重要相反概念的标志。

像这样大角度色相对比的配色类型，对人眼的刺激强烈，有眩目的效果。但强烈的刺激更易引起视觉疲劳，产生不适应感，使人心理也随着失去平衡而焦躁不安。所以说，红和绿大面积相配并不赏心悦目。

红配绿也可以不难看，关键看技巧

虽然红绿搭配难度大，但这也并不就意味着，互补色在一起就一定不漂亮。一点也不带尖锐刺激感的色彩组合在一起，视觉舒适是舒适，但过分调和的色彩搭配，会显得模糊、平板，看多了也容易产生厌烦和疲劳感。

从人对色彩的要求来说，人的视觉永远需要一种生理的平衡，即人眼看到任何一种颜色，总是本能地要求它的相对补色。正是因为互补色对比非常强烈，在色彩的视觉生理上有平衡的满足感，只要搭配得当，放在一起能呈现最漂亮的结果。从色彩的大格局上说，真正的调和境界是：色调既鲜艳夺目而又不过于刺激。

所以，只要对红绿配加以适当的调和，比如调整一下两者的面积，强调主从关系，在颜色明度和纯度方面拉开距离，同样可以很漂亮。

红配绿，在中国民间曾经是美的代表

既然红配绿冲击感这么强，为什么大红大绿仍旧屹立不倒地流传至今？

这或许跟中国传统民间艺术的色彩运用习惯有关。长期以来，传统民间色彩审美要求色彩单纯明快，讲求平面的色块对比，强调装饰趣味；喜欢纯色，不爱杂色，运用色彩强调强烈的补色对比、高纯度色调对比，追求大面积的对比，较少西方传统绘画中微妙的层次色彩变化。

这种情况造成的结果是，传统文化中涌现出大量华丽的艺术作品——因为凡鲜艳而明亮的色彩都具有华丽感，色相对比的配色也具有华丽感，而互补色就是其中最华丽的大杀器。

比如宋金时期的红绿彩陶瓷，将当时民间这种大红大绿的审美倾向表现到极致，华丽鲜艳，让人感受到欢畅淋漓的对比。同时，聪明的古人早就想到以一色为主，另一色做点缀的方法，色彩搭配产生“你中有我，我中有你”的和谐感。

大红大绿是怎么流行起来的？

既然红和绿同样可以也确实给人们带来了美感，红配绿怎么就成了“土”的代言人呢?

大红大绿真正流行于服饰开始于晚明时期。在明中期以前，平民百姓均穿着浅淡朴素，对这种富艳华丽的颜色敬而远之，尤其在明初，穿什么颜色的衣服有着严格的等级制度，像红色这么正的色不是随便什么人都能穿的。

但到了晚明，随着服饰制度的松懈，人们便开始大肆消费起大红大绿来。晚明人对大红和大绿的喜爱，甚至带来了红、绿染色工艺的兴旺发达。明崇祯《松江府志》中说：“染色之变，初有大红、桃红出炉，银红、藕色红。今为水红、金红、荔枝红、橘皮红、东方色红，初有沉绿、柘绿、油绿、今为水绿、豆绿、蓝色绿……”

明朝《金瓶梅》中还有这么一句话：“红配绿，看不足。”在当时市井人们看来，红配绿可是好看得不得了。从晚明社会大红大绿的服饰流行时尚中可见，早期的服饰时尚，最鲜明的体现便在于对制度的突破，贩夫走卒也可以随心所欲僭礼逾制了。于是他们首先去做的，就是找回曾被制度剥夺的尊严和地位，体验翻身成主人的快感。

不过，当大红大绿成为全民时尚，就连村妇野老都不分场合地点地穿服其身，其中所蕴涵的身份地位的指意和象征，也必将消失殆尽，正所谓“奴隶争尚华丽，则难为贵矣，女装皆钟娼妓，则难为良矣”。

大红大绿似乎在服饰上变为泛滥的俗物。其后乡土文明对于高对比度的色彩搭配的大力发扬加以运用，让浸染在城市文明中的人们感到格格不入。

最显著的一个例子就是颇具乡村民俗风味的年画。华丽加喜庆的“红衫绿裤”基本是对年画颜色的符号式概括。鲁迅先生在《狗·猫·鼠》一文中曾有提及：“我的床前就贴着两张花纸，一是‘八戒招赘’，满纸长嘴大耳，我以为不甚雅观；别的一张‘老鼠成亲’却可爱，自新郎、新妇以至傧相、宾客、执事，没有一个不是尖腮细腿，像煞读书人的，但穿的都是红衫绿裤。”

所以，红配绿并没有原罪。红绿之间的搭配难度，加上传统民间文化和现代文化的冲撞，共同导致了红配绿如今被奚落嘲讽的下场。

中式婚礼为何总是不伦不类?

婚礼一直是中国家庭最隆重的仪式，但现在中国人不惜费尽心力操办的婚礼，却经常在最庄严的环节变成了胡闹——宣布新人“结为夫妇”这么一个庄严的任务，往往是由婚庆公司的司仪来完成的。一个跟你八竿子打不着的人，宣布了你人生中最重要的仪式之一，这听起来的确很荒谬。

传统婚礼，最重要的是两个家族的联姻

中国的传统婚礼有着非常悠久的历史。基本上直到晚清时期，正式的婚礼依然要依照《周礼》的精神指导。诗经《卫风·氓》一篇中说：“匪我愆期，子无良媒。尔卜尔筮，体无咎言。以尔车来，以我贿迁。”

由此看来，一场合乎礼仪的婚礼，要有媒人，要算吉凶，男方迎亲，女方有嫁妆。

《礼记》中详细记录了结婚的合法程序：纳采、问名、纳吉、纳徵、请期和亲迎，这六大程序合称“六礼”。

贵族比较讲究，六礼要齐备，但对于普通平民来说，如果条件不允许也可以适当简化。

一千多年后的北宋，《政和五礼新仪》将六礼简化为四礼，南宋朱熹又在《家礼》中进一步简化为“纳采、纳币、亲迎”三礼，基本也就是订婚、下聘、迎亲三个环节。

在宗族社会，婚礼是结两姓宗族之好，所以婚礼的仪式往往和宗族有关。为了象征女方嫁入男方家庭，除了夫妇的同席合卺之外，还要拜男方舅姑、祠堂，以向男方家族标明，新娘已成为家族的一员。宋代时婚礼还演化出了拜天地、拜父母、夫妻交拜的礼节，在展示新成员加入宗族的意义上是一致的。为婚礼做见证的，是天地和家族的祖先、尊长。

湖北包山楚墓出土的漆器上描绘的春秋时代贵族婚礼

“文明婚礼”给中国新人带来了证婚人

到了晚清民国之时，农村自然经济已逐渐瓦解，大量农民涌入城市。依托乡土社会所发展起来的宗族分裂成人口更小的家庭单位。旧式的婚礼自然难以为继，西式的“文明婚礼”在城市里兴起。这种婚礼仪式被中国的新派人物首先接受，并逐渐过滤和嫁接成中西结合的新式婚礼。

对中国的新人来说，这种“文明婚礼”最仪式性的部分，除了保留中式传统的拜天地父母，就是有了证婚人。证婚人是基督教的习惯，在基督教的婚礼中，有一定地位的神职人员担任证婚人，代表神见证夫妇的结合，只有在证婚人面前举行婚礼才有效，被社会和法律所认可。而在中国，证婚人则选择德高望重的长辈或师友，以受人尊重的道德人格力量，来为新人的结合做证明。比如徐志摩和陆小曼结婚的公案，证婚人是梁启超；而蒋介

蒋介石和宋美龄结婚照

石和宋美龄结婚，证婚人中有国民党前辈廖仲恺的夫人何香凝，还有德高望重的蔡元培。

据记载，蒋介石和宋美龄举行婚礼时，由证婚人蔡元培宣读证婚书，文称："盖闻宝树延辉，异彩耀玉台之镜，早梅布馥，华楣迓翟茀之车。两姓联欢，一堂结约。兹者蒋中正先生与宋美龄女士，举行结婚礼于春江大华礼堂，良辰吉日，六礼告成，瑟好琴耽，双心默契。所愿宗熙三径，论协十篇。喜今兹约指钤章，用证鸳鸯之牒。卜他日齐眉益算，覃敷鸾凤之祥。元培等忝作证人，乐观嘉礼，爰缀吉语，藉贡欢忱，是为证。"接着由证婚人、主婚人、结婚人依次用章；新郎新娘再相对一鞠躬，向证婚人、主婚人及来宾各一鞠躬，婚礼宣告完成。

新中国成立之初的几十年，证婚人往往是领导

新中国成立之后，婚礼又一次发生了变化。一方面，革命战争年代的习惯成为主流，受到推崇；另一方面，包管了衣食住行的"单位"越来越成为城市人不得不依附的组织。

在战争时期，无论是八路军、新四军还是解放军，军队干部、机关干部的婚姻都关系到组织的稳定和效率，需要严格管理。所以在各个时期、不同地区，军队和机关都有过硬的标准，比如男方28岁以上、5年以上党龄、县团级干部，党组织才允许娶妻，称为"二八五团"。到解放战争时期，东北局则规定男方25岁以上、8年以上军龄、团级以上干部才批准结婚，称为"二五八团"。

此种军事化管理虽然在新中国成立后被取消了，但由于城市中，国家几乎掌控了一切资源，结婚依然是单位组织、街道干部需要管理的事项，是否结婚需要领导签字批准，所以，对婚姻进行“现场认证”的权力，从农业社会的天地宗族、新中国成立前德高望重的长者，转移到了领导手中。这个时期的婚礼，证婚人往往就是双方单位的领导。

改革开放后，婚庆公司成为了婚礼的主宰

改革开放后，婚礼再一次迎来了深刻的变化，只不过，这一次变得比较茫然，没有方向。

随着计划和管理的放松、经济情况的好转，一些传统婚俗开始复苏，在婚姻仪式上的花费也越来越多。

不过，传统的宗族已破碎，婚礼上庄严的证婚人自然跟天地祖先没太大关系；宗教又没有成为普遍的信仰，请神父证婚也不合适。既无法回归传统，又不能照搬西方那一套，于是，这个难题就交给了应运而生的婚庆公司。

20 世纪 80 年代末，婚庆公司在北京应运而生。经过几年摸索，婚庆公司选择并固化了一些婚礼环节，将其分类并形成行业标准。现在的新婚俗到此时才算是慢慢固定下来。

婚庆公司制定几个固定的婚礼规格供消费者选择，消费者因此省事儿了许多，婚庆公司也能通过将婚礼标准化操作来有效降

低运营成本，获得利益。听起来似乎是双赢的结局，但限于婚庆从业者的文化水平、操作能力和盈利压力所限，易于规模操作，利于产生利润的环节，自然会更多地被婚庆公司选择并采用。新婚俗也难免随之跑偏，比如婚庆公司的司仪越殂代庖，宣布新人结为夫妇。

在婚庆公司的眼中，婚礼最重要的并非体现婚礼的喜庆庄重、文化传承或是纪念意义，引导婚礼向炫耀消费发展以增加收入，维护各方面利益或许才更重要。而对大众而言，无论是传统的婚礼还是西式的婚礼，都是他们所陌生的，大部分时候只能听任婚庆公司摆布。所以婚礼环节越来越多，且流于形式、越来越偏离主题，就一点也不奇怪了。

作为中国人，
你变胖的可能性越来越高了

这个世界又在疯长了！据英国《柳叶刀》杂志网站 2014 年的一篇研究报告显示，当下三分之一的地球人体型状况都被划为肥胖一类——三人行必有一胖！而且，在人类与肥胖斗争的近 30 年来，没有一个国家成功地把蹭蹭上涨的肥胖率降了下来。

曾经我们以为长胖是对有钱人的惩罚，现实却显示，有三分之二的肥胖人口都住在像我们这样的发展中国家。

今天，我们就来聊一聊，富有国家和正在追赶它们的国家，到底谁更容易长胖？

中等收入国家开始大量贡献胖子

2013 年，美国还是世界上胖子最多的国家，当时全美有 7 800 万名肥胖人士，占全球肥胖者总数的 13%；但这个头衔很快就被墨西哥抢走了。据英国《每日邮报》报道，同年 7 月，墨西哥以 32.8% 的“中膘率”超过美国的 31.8% 成为世界上肥胖率最高的国家。紧随美国之后的是叙利亚、委内瑞拉、利比亚、特立尼达和多巴哥、瓦努阿图、伊拉克、阿根廷、土耳其、智利、捷克共和国。

这就是当年肥胖率最高的前十名国家，除了美国之外，人们难以将“富”和其他几个国家联系起来。

墨西哥不是一天“长胖”的。1989 年，墨西哥成年人的超重率还不到 10%，如今，这个数值是 79% 。

使人肥胖的饮食和生活方式已经从发达国家“出口”到了世界各地。在城市化加速的 14 年中（1984 年到 1998 年），墨西哥将近三成人放弃原有的健康饮食习惯，沉迷于高热量食品和软饮料中，再加上久坐的工作状态，这一切都导致了墨西哥的地铁无可挽回地越来越拥挤，廉价服装市场的进口特制胖人装供不应求。

中国的状况与墨西哥相差无几。作为一个人口众多的发展中国家，中国在为世界贡献胖子的事业上不遗余力，速度惊人。从 1985 年到 2000 年，年龄在 8 到 18 岁的青少年体重超标和肥胖的人数增加了 28 倍；到 2002 年，14.7% 的人体重超标，2.6% 的人肥胖，当然，这和英美还有相当的差距（1999 年美国成年人的肥胖率就达到 30.5% 了）；再到 2015 年，从肥胖人数上看，中国已经成为世界排名前几的肥胖国家，3 亿人超重，4 600 万成人肥胖。

可是，作为中等收入国家里的一名普通人，并不能肆无忌惮地大吃大喝，更不能任性妄为随意休息，凭什么长胖?

这帮变胖的人都吃了啥?

我们今天所谓的长胖一般用BMI（身体质量指数，国际常用的衡量人体肥胖程度和是否健康的重要标准）值衡量，计算方法是体重（千克）除以身高（米）的平方，结果在25到30之间的为超重，大于等于30的是肥胖。根据热量守恒定律，一个人胖不胖在于热量的进与出，也就是吃了多少与消耗了多少——看看我们饮食起居的变化，就知道长胖不是老天爷错怪了我们。

首先我们从吃进去的东西来看看人们为什么体重飙升了。过去，在人们的印象中，肥胖是由于营养过剩造成的“富贵病”。但事实上，现在一些比较富裕的国家里，低收入群体更容易超重或肥胖。

一些学者认为，收入更低的人一般生活在环境更差的地区，他们没有公园和公共健身器材用来锻炼身体，而健康的低卡路里食品一般价格更贵，这部分人也很少选购——又胖又饿的情况就这样矛盾地存在着。

而在收入水平逊于发达国家的地区，我们以中国为例，当中国人还很瘦的时候，我们膳食营养结构的特点，90%的热量和80%的蛋白质都来自于植物性食物，这个比例远高于世界平均值。

随着国民经济的改善，中国在摆脱了低等收入的标签，迈向更高收入的阶段中，动物性食物所占的比重越来越高。国际经验也表明，人均GDP由1 000美元增至3 000美元这段时期，是居民膳食营养结构迅速变化的关键时期。

2003 年，我国人均 GDP 达到 1 100 美元，而这一年，我国居民膳食营养结构中，来自植物性食物的能量、蛋白质和脂肪分别只占 53.46%、59.66% 和 43.82% 。

到 2008 年，中国人均 GDP 突破 3 000 美元，也正是在这一年的前一年，中国的肥胖率进入全球前十，制造了全球 20% 体重超标或肥胖者。

研究表明，一个人对水果等低热量食品的偏好每增加一个等级（共六个等级），其肥胖指数（BMI）就会减少 0.06；反之，对快餐等高热量食品的偏好每增加一个等级（共六个等级），肥胖指数就会增加 0.07。

而近年来蔬菜、水果等生鲜产品的通货膨胀率增加了 40%，碳酸饮料、加工食品的价格足足降低了 30%，而全球化让低成本、高热量的食品遍地都是，这改变了人们的饮食习惯，更多的人转向诸如快餐等高糖、高脂的加工食品——食物选择本质上是一个十分遵循经济学原理的行为，吃快餐让人们用相对少的钱买到更多卡路里含量相对更高的食物，至于蔬菜水果等能量密度低、价格相对高的食物，可吃可不吃就不吃吧！

从 1987 年肯德基进入大陆市场开始，中国餐饮业就不可避免地向快餐化方向转变了，到 2010 年，肯德基在中国大陆已经有 3 200 多家门店。据中国烹饪协会洋餐专业委员会统计，2011 年中国大陆有 2 万多家洋餐企业，每天为 5 000 万人次提供快餐服务。

为什么胖起来以后要瘦回去这么难？

照着这样的趋势发展下去，中等收入国家的人已经大规模变胖，逐渐踏入“胖国”这个行列也只不过是时间问题。总的来说，胖是趋势，这是从很穷到没那么穷之间经历的阶段。

在孟加拉国、津巴布韦、赞比亚等不发达国家，人们可能营养不足，但是会摄入过量糖和热量，尤其在城市地区或者说可以负担起加工食品的地区。他们正处在从食品短缺（或者不短缺但没有商业化）到迅速商业化的过渡阶段。

而流入这些贫穷国家的食品一般是软饮料和加工食品之类的东西。前面说了，这类东西市场大，但是水果、蔬菜、精瘦肉这些健康食物在它们的市场里，品种就不那么齐全了。

面对疯长的国民体重，发展中国家的政府也不是没有想办法干涉人们的不健康饮食习惯，比如禁止部分加工食品进入学校，或者对加工食品征税，但似乎总是狠不下心来——这些生产加工食品的公司对当地政府来说，就是白花花的财政收入啊。

以墨西哥为例，墨西哥总统捏托曾提议对酒精饮品和碳酸饮料增税，结果这份提案引起了这个碳酸饮料年均消费量世界最高的国家饮料行业的不满；各种专家反对垃圾食品、软饮料出现在学校，但是政府不出台法律禁止——经济部门不想失去学校这么大的食物供给市场……政府被商业挟持，害怕失去这部分的经济增长。

中等收入国家和锻炼有缘无分

摄入了这么多热量，没消耗完的自然就成了身上的肥肉。从这个角度讲，中等收入国家更缺少消耗的机会。

很明显，一个国家体育产业的发展最起码和两个因素有关，一是国家经济发展水平，居民有足够的钱进行消费；另一个是国家社会发展水平，人们有足够的时间去消费。

以体育产业发展较早的欧美国家为例，1970 年美国人均 GDP 达到 4 814 美元，德国 2 775 美元，法国 3 054 美元，这些国家当中，1933 年就实行了每周 40 小时工作制的美国，也正是全球体育产业最发达的国家。根据国际健康与运动俱乐部协会的统计，截至 2005 年，欧洲各国共有体育健身俱乐部 27 125 家，拉美各国共 8 400 家，而美国有 26 830 家。相对应地，美国经常去健身俱乐部的居民占总人口的 14.1%。

而我国的健身行业 2000 年才正式起步，那一年人均 GDP 是 7 858 元人民币。2013 年，我国健身机构 8 000 余家，按照全国人口 12 亿计算，人均健身机构拥有量为每 15 000 人才拥有一家健身机构，而澳大利亚大概是每 30 人拥有一家健身机构。所以，和发达国家相比，中等收入国家人均拥有更少的体育场馆、健身房和公园。

置于个人消费能力和闲暇时间之上的，是一个国家的经济结构。所谓高收入国家，往往是和更优良的产业结构和更科学的工作制度联系在一起的。

不同国家健身产业产值与 GDP

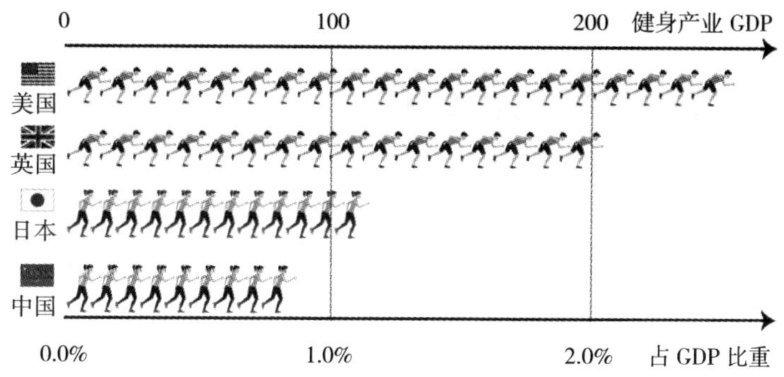

发达国家的体育产业总值一般占本国 GDP 的 1% 到 3%，其中 60% 又来自体育健身和休闲产业。2002 年，美国的体育总产值已经达到 2 130 亿美元（2010 年是 4 410 亿美元），超过房地产业和国防开支，占 GDP 的 2%；英国体育产业年产值超过 70 亿英镑，政府每年从体育休闲产业中得到的税收是 24 亿英镑左右，相当于政府体育开支的 5 倍。到 2014 年，我国体育产业总产值才占 GDP 的 0.6% 。

根据马斯洛的需求层次理论，我们这些“胖国家”里的多数人除了体育锻炼，还有更要紧的事情需要上心。不论是在美、欧等发达地区还是在南非这样的发展中国家里，相对较富裕的人们会更早地在意体重问题。所以说，胖了是因为人们渐渐不那么穷了；而想减肥，可能还需要更多的钱。

为什么人人都爱挖鼻屎？

挖鼻屎是很多人会做但很少人愿意承认的一件事。虽然自己乐此不疲，但受不了别人在自己面前抠得怡然自得、忘乎所以。

挖鼻屎真的是一项喜闻乐见的“全民运动”，听说还能增强人的免疫力？这究竟是怎么回事？

挖鼻屎（史），比中华文明还久远

最早对挖鼻行为做系统研究的是两位美国科研员——汤普森和杰弗逊。1995 年，这两位科学家向威斯康辛州的 1 000 位成年人进行问卷调查，结果 91% 的表示自己有挖鼻屎的习惯，其中有十几位平均每小时就要抠一次。

5 年后，印度两位科学家再次验证了挖鼻屎是人类共同的兴趣爱好。这两位科学家把类似上文的调查搬到了印度，还增加了社会层级变量——分别对一所低收入阶层家庭、二所中产家庭和一所高收入阶层家庭的儿童进行了调查。

结果，两次的答案竟然出奇相似。几乎所有人都承认自己会挖鼻屎，而且平均每天会挖 4 次。

不得不说，在挖鼻屎这一问题上，社会各阶层人们空前团结。

如果你认为挖鼻行为只是拥有广泛的群众基础罢了，那可真是小看它了。挖鼻行为历史也非常悠久，比中华文明的5 000年历史还要久呢。

最早的挖鼻图画出现在公元前4075年，当时的古埃及壁画记录了埃及人的日常生活，也记录了埃及人挖鼻这一行为。只是长久以来，挖鼻行为并没有因为“人多”而“势众”，人们虽然自己爱挖鼻，却对这一行为持负面观感。

11世纪的英国威廉王子曾公开阻止人们挖鼻，还把禁止挖鼻写进法律，违背者处以极刑，一斧毙命。二战期间，美国制造的反希特勒宣传品中，把爱挖鼻子的人和“强奸犯”“吃人魔”“污尸癖”并列，用来辱骂德国人。

挖鼻屎能增强抵抗力？

长久以来人们不屑于这种不雅行为，可是最近，有些科学家忙着为挖鼻行为正名。加拿大生物化学家纳柏就认为，挖出并吃掉鼻屎能增强免疫力。他的理由是鼻腔在免疫系统中有过滤功能，空气经过鼻腔进入肺部，大量细菌会留在鼻屎上。如果吃下带有多种细菌的鼻屎，并让小肠吸收，其功效就像药物一样，能增强人体的免疫力。

事实上，鼻屎是人体新陈代谢的附产品。人的鼻腔内覆盖着一层薄薄的黏膜，称为鼻黏膜，这层黏膜一直不停地在更新换代，鼻屎就是脱落的旧黏膜风干以后的产物。

鼻屎中除了含有鼻黏膜的成分以外，还有很多微生物和吸入空气中的灰尘颗粒，这就是为什么鼻屎有时会呈深色。这些微生物平时并不致引发疾病，只有当人体抵抗力下降的时候才有可能得逞。

那么把这些细菌直接吃掉，就能提高免疫力了吗？确实，如果小时候多接触一些抗原物质（各种微生物），的确可以降低长大后得病的风险。可是没人能够证明吃鼻屎可以起到这个作用。

事实上，想让鼻屎发挥功效，必须与免疫细胞接触才行，这样才可以刺激免疫细胞产生抗体。那么把鼻屎留在鼻子里还是放在嘴里，效果都是一样的。更何况，把鼻屎吃到肚子里还要经过胃酸的考验，不如直接留在鼻子里效果好。

难道，挖鼻有益免疫力的结论是加拿大科学家纳柏边挖鼻屎边得出来的？斯科特·纳柏确有其人，他是萨斯喀彻温大学的生物化学教授，进行过很多严肃的科学研究。在 Pubmed 数据库中检索这位科学家的名字“Scott Napper”，能得到 46 篇论文。只不过，这 46 篇论文没有一篇是跟挖鼻有关的。

纳柏只是在采访中发表过“吃鼻屎可能有助于增强免疫力”的观点。但他在报道中始终未提到这一观点有研究证据支持，也没有说过自己进行过相关研究。

喜欢挖鼻屎的人，更容易得病

事实上，无论科学研究还是临床实践都证实，挖鼻屎都更容易让人得病。鼻腔位于人体面部的“危险三角”区，一旦细菌进入鼻腔造成感染，很容易经由静脉进入海绵窦，甚至经海绵窦进入颅腔，引起难以控制的颅内感染。

如果双手不干净就挖鼻屎，容易把细菌带入体内。2006 年，一组荷兰研究员发现，爱挖鼻屎的人更容易携带金黄色葡萄球菌。

再举一个简单的例子，如果你的双手不小心接触到感冒病毒（感冒病毒离体后能存活几个小时），用这双手吃饭、揉眼睛、挖鼻子，病毒很可能进入体内引发感冒。

挖鼻子除了容易把细菌送入人体内，还会损伤鼻毛。对于生活在雾霾环境中的人们来说，鼻毛是灰尘进入人体内的最后一道屏障，可以阻拦空气中的粉尘、病原体进入鼻腔，从而防止它们随着呼吸运动进入肺部，引发疾病。

人们为什么喜欢挖鼻屎？

挖鼻屎既不雅观也不健康，可为什么人人爱挖，还留下挖了 6 000 多年的证据？

英国人的解释是，这是一种与生俱来的天赋，就像婴儿生下来就要喝奶一样。不过关于这个问题，目前学界尚未有明确的答案，一个有关咬指甲的论文中提到过这一原因，声称挖鼻屎可能是我们受“清洁行为”驱使所做的一系列简单弥补措施。

为什么减肥不能相信意志？

减肥效果和减肥诚意貌似从来不是百分百的正相关关系。多少人心情急迫地嚷嚷着减肥，但总也减不下来；那些好不容易减下去一点的肉，好像没过多久又长了回去。所以说，虽然人们似乎总是在减肥，可致力于这项“大业”的人的数量好像从来就没少过。

对于减肥人士来说，最大的苦恼莫过于减肥之心天地可鉴，不能动摇，可面对来势汹汹的食欲，突然就缴械投降了。不要责怪自己意志力薄弱，我们就来科学地说说，到底为什么你总是不能减肥成功？

减肥到底该不该冻着自己？

去年，荷兰科学家发布了一项研究结果，说人在微冷的环境里更容易减肥，因为在这种环境下人们需要消耗更多热量来保持恒定体温。换句话说，如果你能成功把自己冻得直哆嗦，消耗的热量将是平时的 5 倍。

不过很多热衷减肥的人士也曾说过，若是想成功减肥，就不要让你的身体感觉冷。

究竟哪种说法更有道理呢？显然是后者。这个不用多说，精瘦的热带人和壮硕的寒带人给我们提供了赤裸裸的事实依据。当然雄辩也是可以的：减肥是个长期复杂的过程，你不能通过这一秒和下一秒的体重差来判定减肥的效果，要是今天减掉半斤，明天又增加一斤半，那不能叫减肥成功。

人是一个智能体，如果身体总是觉得冷，它一定会想办法改善这种局面，这个办法就是命令你多吃，以储存脂肪防止受冻。这种身体发出的指令人们很难抗拒，就算明知会变成不堪的胖子，还是会忍不住敞开肚皮吃，吃出一身肥膘来。

为什么总在“吃”面前败下阵来？

网上曾流传过一句关于胖子的俏皮话：这世上没有无缘无故的爱，也没有无缘无故的恨，可偏偏有无缘无故的胖！

当然不是！胖其实是有缘故的。

大多数人都对自己有一个很大的误会，认为自己是能够控制自己的，如想走就走，想停就停；想吃饭就吃饭，想不吃就不吃。其实不然。

在你能支配管控的自己（可感意志）之外，还有一个隐形的你（不可感意志）在后台运转，你完全不了解“他”，不知道“他”是怎么干活的，但“他”在事实上操控着你。比如说，你不知道自己的心脏是如何保持每分钟七八十次跳动的，也很难干涉它，让它多跳或少跳几次。你也不知道自己是怎么睡着的，怎么流出眼泪的，怎么记住爱人那双美目的。有时候你想睡睡不着、想哭哭不出、想记记不住，那都是可感意志败给了不可感意志的结果。

人的大脑有 1 000 亿个神经元，这 1 000 亿个家伙虽然彼此联络，但个个都有自己独立的意志，都在按照先天被设置好的程序本分地、盲目地干着活，而且绝大部分是黑箱操作，以只有鬼知道的方式捕捉并处理着各种信息，并以鬼知道的方式快速汇总出一个个工作报告——作为它们的主宰，你只有权得到这工作汇报中的很小一部分，比如饿了，得吃点什么；困了，得睡一觉。

所以，当你采取寒冷减肥法来减肥时，只知道自己开始特别想吃红烧肉、巧克力、奶油蛋糕等高热量食物，却并不清楚这是大脑怕你冻死而做出的应对策略。你也没办法告诉大脑，别瞎指挥了，我只是想减肥，想变更美，离冻死还远着呢。

那意志力这玩意儿是吃干饭的吗？

你的“可感意志”是很难干涉“不可感意志”的。当然，后者多数情况下都在做好事，偶尔犯点错误，也是出于好心。

一个很有趣的科学研究说，人的大脑有一个“正常认定机制”，它会记住你身体正常的体重，据说第一次认定是在 20 岁左右，此后如果你比较明显地瘦下去，大脑便会认为生命受到威胁，于是号令各部门严阵以待，想方设法使你再胖回来，比如增强食欲、增加吸收能力、降低新陈代谢、减少运动兴趣……这些减肥的副作用，都是大脑为了保证你不被饿死而做出的巨大努力。

那么，要是你胖得超过正常认定范围呢？很遗憾，胖了大脑是不太在乎的，因为人类在千万年的进化中，大部分时间是被饥饿威胁的，饿死的多，胖死的少，以瘦为美那是最近两百年的新时尚，而文化的变化要比基因进化快得多，大脑短期内很难跟上这潮流，还在固执地认为胖点才健康。

更可怕的是，只要你胖过，并保持了一段时间（比如半年），大脑就会愉快地认定这个胖子是属于你的新常态，判决你日后必须与其保持一致。你若想再瘦回之前的样子，它轻易是不会同意的。

减肥之所以艰难，正是难在这里——不是你的意志不够强大，而是还有一个意志更强大的你，在跟你斗。从根本上说，你抵抗的不是盘子里那几块红烧肉，而是你那些观念老套、跟不上潮流又顽固地按照自己的意愿指挥你的神经元。最麻烦的是，它们全在暗处，你想一个个跟它们谈谈，晓之以理，动之以情，那是不可能的。

好消息是，这帮家伙虽然不听道理，却是尊重事实的，如果你能长期保持低于身体正常认定的体重，而健康也没出什么乱子，一部分神经元就有可能放弃抵抗，改变看法，重新做出认定——若能坚持到让多数神经元从了你，那你离减肥成功就不远了。

自拍也是一种精神病?

经美国精神病协会认定,“自拍成瘾”是一种精神疾病。热衷自拍的人们,请担忧一下自己的精神健康问题。事实上,这个报道不过是在开玩笑而已!据说国内很多媒体都上了当,正正经经地转载过这个报道。

不过,如今自拍确实已蔚然成风,这究竟是为什么呢?“自拍成瘾”真的需要担忧吗?人类为什么会自拍?

自拍的历史,跟自恋的历史一样长

其实,自拍的历史说长不长,说短也不短。在摄影技术出现之前,画家们就在给自己画自画像了,如 16 世纪的达·芬奇,17 世纪的伦勃朗,他们都有《自画像》的名作。清朝的乾隆皇帝也热衷“自拍”,常常把自己装扮成菩萨、文人、采药师等各种身份的人,命令画师们画下自己的画像,拿来自我欣赏。

1838 年人类第一次将自己的影像投放到胶卷之上,第二年,美国摄影师罗伯特·科尼利厄斯就拍摄了史上第一张自拍照。而“自拍”这个词早在 1984 年便已出现,英文学名为 Self-timer,当时只是指照相机可自行设定拍照时间的一种功能。时隔百余年，如今自拍已成为席卷全球的网络风尚。

2013 年，“自拍”一词成为英国牛津大学出版社的年度热词，取自美国 Taka Photoo 自拍照相馆。

目前 Twitter 上转发次数最多的图也是一张自拍，博主是第 86 届奥斯卡颁奖典礼的主持人艾伦·德詹尼斯，照片内容是她发布的一张与众明星的现场自拍照，这张照片被转发了 200 多万次，获得了 100 多万个“赞”。

自恋文化在高压生活中尤为兴盛

从心理学来看，自拍是一种自我强化的过程。人们都或多或少有着自我关注的倾向，即“自恋”。“自恋”一词最初来源于精神分析学，由弗洛伊德的《论自恋》而广为人知。

自恋的第二阶段是病理的自恋主义，自拍成瘾无疑属于这种阶段。精神分析学家康巴克描绘了自恋主义者的人格特质：“具有野心勃勃、夸大妄想、劣等感以及极度渴望从他人那里获得赞赏与喝彩的多重人格特征。”

第二次世界大战之后，在以美国为代表的西方发达国家，具有极端个人主义倾向的自恋主义者大量涌现。“与病态的自恋主义有关的这些性格特征以较普遍的形式大量地出现在我们时代的日常生活之中”，前精神分裂症的、边缘性的性格紊乱——自恋主义成为消费社会普遍的人格特质。

人作为群体性社会动物，都有分享和交流的欲望。而现代快节奏的生活使人们的生活压力变大，自拍是一种对压力的释放方式。

人们把生活照贴到网上，在网络平台上渴望受到关注和肯定，满足“被看”的心理需求，这种行为让默默无闻的大众也能展示自己，得到虚拟的关注，从这种或多或少的“自恋”中产生满足感。也有可能是看到别人晒自拍照，也想主动尝试自拍。每个人本能的“窥视欲”也会使这种具有私密性质的自拍照更能受到关注。这些心理需求或工作作用引导的结果，让网络自拍成为热潮。

自拍真的会上瘾?

人们自拍成瘾是因为有着普遍的心理疑虑，总是觉得照片中的自己不如现实中的自己好看。心理学中有这样一个名词叫“曝光效应”，是指某样事物出现的次数越多，人对其产生的好感度也越高，这一效应又叫多看效应、（简单、单纯）暴露效应、（纯粹）接触效应等。

由于曝光效应的存在，我们会对镜中的自我更有好感。因为在自拍之前，我们已经无数次看到过镜中的自己了，而自拍的时候，由于角度、定格的效果不同，会让人觉得陌生，这就是为什么大家会被自拍照丑哭，接着不断拍、不断拍，直到自己满意，或者永远不满意而心里硌硬。

而另一方面，人们不断拍、不断拍，由于“曝光效应”也渐渐觉得照片中的自己越来越美，从而收不住手，重复地自拍与晒图，晒出自己觉得好看的图来增强自信。何况有了各种自拍神器、美图软件等来为自拍美图加分，这种虚妄的自我欣赏和陶醉，就让人难以自拔了。

“萌萌哒”是病，得治！

2003年，“萌”从日本发源，至今短短10余年已横扫东亚，到处都在“萌萌哒”。连日本人都觉得，可能这个社会有病了。

那么，为什么“萌”能够在东亚年轻人里大行其道，而西方人对此却不大感冒？

“猫耳朵”“女仆装”和“大眼睛”

“萌”这个词迄今还没有明确的定义，一般来说，它的本意是指读者在看到美少女角色时，产生一种热血沸腾的精神状态，后来就成了对这一类可爱、幼稚的形象的形容。“萌”的对象通常指的是具有甜美、纯真、讨人喜欢、入世未深、脆弱特质的人或事物。

“萌文化”约在2003年，以日本东京秋叶原为中心开始流行开来。2004年和2005年，“萌”当选为当年日本全国第一新潮用语。所以，从“萌”开始流行，到“萌萌哒”席卷网络，都不过是近10年的事。

美少女可以萌，小动物可以萌。对漫画人物来说，“猫耳朵”“女仆装”“眼镜”“大眼睛”都是萌的元素。

但是跟传统的人物形象不同，“萌”是一种很单薄的属性。“萌”是“萌”的唯一内容，它只有外形上的夸张，既没有隐喻，也没有象征。例如，一个白胡子、戴眼镜的老人的形象，往往是庄重、威严（龟仙人除外）的；而关公的红脸则代表了他的勇武和忠义。可“萌”的背后还是“萌”。

萌文化为何能在东亚大行其道？

虽然萌文化能在东亚大行其道，但在日本学界，关于萌文化兴盛原因的研究却充满了忧思，并且始终离不开“消极”“自我封闭”等字眼。

有研究表明，日本社会整体弥漫着一种“不想长大”的情绪。许多年轻人都希望能滞留在19岁不再长大，即使长大也不想成家。英国学者Kinsella于1992年在日本进行的调查指出，青年人对社会及成人世界的想象倾向负面。在他们眼中，成长意味着“自由活动时间减少”“受制于社会规范”等令人不快乐的特质。所以，“萌”被看作是一种可爱的反叛。

在日本，步入职场的成年人确实压力山大，“过劳死”现象非常严重。根据日本官方公布的数字，2006年，日本共有3.2万人自杀身亡，其中许多人是在经济不景气中备感工作艰辛，选择结束自己的生命。社会如此可怕，那干脆就到幼稚的世界里躲一躲吧。于是，在日本就有了高达70%的男女在“可爱商品”中寻找心灵慰藉。

而萌文化能在东亚各国传播范围如此之广，也可以归因于东亚文化圈的血脉相通。东亚各国都深受儒文化影响。儒家的审美观是温柔敦厚，“微而婉”“怨而不怒”，不赞成激烈和直露，不主张抗争和对立。而温和无害的治愈系“萌”文化，恰恰契合了儒文化圈的审美癖好。

在中国，“卖萌”还被认为是一种“示弱”的智慧，因而广泛应用于营销、公关领域。诸如美女城管执法队、企业形象拟人化、明星自黑扮蠢都成了效果良好的营销案例。

此外，在东亚各国普遍等级观念森严、规矩繁多的背景下，偶尔卖个萌也可以成为人际关系的“润滑剂”。例如在日本职场，可爱的下属容易得到上司的喜爱；同时，上司也不会把可爱的下属视为威胁，这样上下级关系就变得比较融洽。

东亚女性卖萌的生理和文化优势

日系漫画中到处都是忽闪着大眼睛，穿着蛋糕裙的软妹子；但反观同样是动漫输出大国的美国，为什么就总是充斥着身材火辣，甚至有肌肉有线条的性感御姐呢?

在卖萌这一点上，亚洲的女性比欧美女性有先天优势。

奥地利动物学家康拉德·洛伦茨提出了“幼体滞留”的观点，即喜欢一切有幼体特征的东西是人的天性，幼童的可爱特质能够引发成人的养育之心，确保幼童能够受到妥善的照顾。这是一种演化上的适应，确保了人类的延续。

人类社会的儿童会通过撒娇向成人提出要求，从而获得照顾。这也是人类抚育后代的本能。从体态特征上来说，亚洲女性身材娇小，跟儿童的差异要比欧美女性更小，天然具有“卖萌”优势。她们能够通过模仿婴幼儿的语言、行为方式，如天真、调皮、柔弱、童贞甚至无知来获得男性的注意和喜爱。相比之下，欧美女性因为体态特征跟幼童差距更大，要激起男性的保护欲就比亚洲女性困难一点，所以她们在吸引异性的策略上，采取了更加直接的方式：性感、冶艳。

再者，从文化差异上看，东亚社会中男性主导的力量比西方更加强大，女性对男性的依附心理依然存在，男性也倾向于控制女性。那么，“萌萌的”无知少女当然最好掌控，更受欢迎。女性通过卖萌，也可以在父权制的社会中获得竞争优势。

而在经过多次女权思潮洗礼的欧美，无论女性对男性的依附还是男性对女性的彻底控制，都已经被主流价值观所淘汰。既然男女平等，女性当然要更加独立，没必要扮天真以博取同情。而在 20 世纪 30 年代，美国人还是很喜欢“萌妹子”的，当时的电影里，受欢迎的女性往往都纯洁、天真的，而非性感、自信的；甚至到 20 世纪 50 年代，《花花公子》上推崇的，也还是乡村女孩一般的纯真形象。

日本人在反思“萌萌哒”

“萌”在东亚大行其道，但是在它的诞生地日本却已经引起了很多批评甚至警告。

日本动漫大师宫崎骏老师创造了很多看起来很“萌”的女性角色，但是他本人却是个女性主义支持者。他认为女性角色不应该只是可爱，还得有勇敢坚强、足智多谋的一面；把女性描绘得像宠物一样是“无耻的方式”。

对过分泛滥的“萌”，日本人还有更多的批评，比如“以幼稚为可爱，将天真降格为愚蠢”。评论家福田和也说，如果幼稚不是缺陷，反而是“可爱”，那么人真没有理由要求自己必须长大。小说家清水义范写了一本叫《大人的消失》的书，指出这种遍布日本的“幼稚文化”，让日本成了一个心智不成熟的、没有成人的国家。大前研一（日本著名管理学家、经济评论家）干脆抨击这种现象为“低智商社会”“白痴化”。

在这些人眼中，“萌萌哒”真的已经成了一种病，需要改变。

讲话中英夹杂的人，脑子里在想什么?

对于中英夹杂的说话方式，为什么有人跟它如影随形，爱得要死；为什么又有人对它心生厌恶，不讥讽不足以平民愤？那么，为什么有人讲话偏偏喜欢中英夹杂?

这样讲话省脑力!

究竟什么样的人喜欢讲话中英夹杂呢？大家可能都发现了，这类人大多集中在经历过浸泡式英语学习的人中，比如海归或者在外资企业工作的人。

你或许会觉得，这些不好好说话的人都是炫耀心理在作祟。

事实上，讲话中英夹杂不是个例，这种现象非常普遍，例如你讲着家乡方言时可能会蹦出几句普通话来，或者反过来也是如此；再比如一些非洲人民买东西和聊天时很可能是用不一样的语言……全世界的人都存在这个问题。在语言学上有个名词叫“语码转换”或者“语码混合”，讲的就是这个意思。

世界上不同的学者都试图找出模式来解释这种现象，其中一种是——谁会故意找麻烦呢？因为这样讲话方便啊。

20 世纪末有语言学家提出了“顺应”理论，你可以理解为“顺着最得心应手的方向”来讲话。而语码转换就是人们要寻找最简便、最得心应手的表达方式所激发的。学过两种以上语言的人也不例外，他们倾向于使用最不需要努力也最不需要费劲来做选择的形式来完成讲话的任务。

你可能要说，中英文不定时切换不是增加了说话的障碍吗？事实上，对于一些双语使用者来说，他们很有可能在只能用单语种讲话的情况下感到更费劲。

举个例子，我们现在很习惯说某个人很“low”，并对这个意思心领神会，但是要把它翻译成中文，你就找不到一个特别合适的词来对应。而一个在英语环境下频繁被要求“plan”的人，会理所当然地常常使用“plan”这个英语词来代替“方案”。

而当你在说“plan”这个词的时候，其实不仅仅是在使用一个英文单词那么简单，而是同时在试图修改对话的语境，这种修改是建立在“双方都能理解这个词的意思”的假设前提之上的——反正你听得懂，我这样说也省力，那为什么不这样呢？

这种情况下，虽然讲话者的初衷不是在有意刁难对方或者是在炫耀自己的文化资本，但也是出于建构适合自己表达的语境的需求，从而强求对方接受。因此对于并没有期待在这种语境下进行对话的一方，他们会感觉到中英夹杂特别突兀。

这是两种语言在你脑袋里互相对抗的过程

那么，另外一个问题又出现了：为什么暴露在英语环境下人们说话容易中英夹杂？它对人的思维做了什么？

这可能牵涉到我们常常感到好奇的另一个问题：那些会说多种语言的人，他们在说其中一种语言的时候，他们的思维是在用这种语言进行“思考”，还是用母语？也就是说他们此时的“思维语言”是哪种？

这个问题在学界还没有趋于一致的结论，原因在于，还没等学者们去研究哪个语种才是思维语言，在最基本的“你思考时用到的媒介真的是‘语言’吗”这个问题上，意见已经不一致了。

一部分学者认为，人们思考时用到的语言，其形态就是人们能说出来的，诸如英语、汉语、法语等自然语言；还有一部分学者不同意，认为人们思维中的语言是一种很玄的东西，无声无息出没在心底……当我们需要说话的时候，它就被翻译为自然语言供我们说出来，学者们把这种思维媒介称作“心理语”。

你可能不明白学者们怎么就得不出一个科学的结论，毕竟这个问题看起来并不难解决。那么，现在试着思考一下自己大脑中用的“思考语言”是什么，结果如何？很遗憾，这种自省式思考不太靠谱，当你有意识这样做的时候，很可能主观意识已经不受控制，一不小心“想出声音”来。除此之外，脑科学研究里的各种机器还没达到这么高端的水平来定义你思考的时候用到的那团“混沌的介质”是什么东西。

下面我们还是继续回到中英夹杂这个问题上来。如果你思维中用的是“心理语”，造成中英夹杂的过程可能是这样：你想表达某个概念的时候，你的心理语形成的这个概念会直接转化成自然语言。对于双语使用者来说，这个概念是会转化成哪个语种里的词语呢？

有一种观点是，这取决于这个概念在两种语言中对应的词语哪一个更容易让讲话者率先想到，哪一个和这个概念本身连接强度更大。这就好比你口渴的时候，一瓶水在你手边，一瓶可乐在离你 5 米开外的位置，你会选择哪个来解渴不是显而易见吗？

这就解释了为什么那个整天泡在“你要在 ××× 之前给我一个 plan”的环境里的人会在其他时候也脱口说出“plan”这个词语。

当然，这也从侧面说明了这样一个问题，同一个概念，一个英语词语和一个母语词语在拼谁跟你关系铁，更铁的那个会让你把它脱口说出。如果两者跟你的关系程度没有差别呢？这样你似乎完全可以顺畅地只用一种语言表达自己。如果中英两种语言在你的表达中存在“争宠”，很可能说明说话者本身对两种语言的掌握程度都不甚理想，而并非一些人想象的那样，是说话者为了表现自己对两种语言都游刃有余而故意为之的。从这个层面上说，下意识的中英夹杂可能真的属于“不能好好说话”的一种情况。

即便是装也装得不简单！

下面我们来讨论最后一种情况：装。在语码转换的问题上，即便是处于某种程度的“装”，背后也是有一番道理的。

我们来看看非洲大陆的情况。因为本土语言繁多，交际语在非洲非常重要，很多居民在掌握自己本土语言的同时，也会说公用的交际语——非洲语言当中使用人口最多的斯瓦希里语就是其中一种。

在这种语言背景下可以发生很多有趣又耐人寻味的事情。请看下面这个例子：

一个卢希亚（非洲地名）人开了一家食品店。他姐姐到店里来了，当时还有别的顾客在场，对话是这样：

弟弟：早啊，姐姐！

姐姐：早！

弟弟：身体还好吗？

姐姐：还行。

弟弟：姐姐，今天你想要点什么？

姐姐：要点盐。

弟弟：你要多少？

姐姐：给我60分的吧！

弟弟：还要什么？

姐姐：我还想要点别的，可惜没钱啦！

弟弟：谢谢你，姐姐，再见。

姐姐：谢谢你，再见！

已经说出来的不重要，重要的是没说出来的：除了最开始的寒暄语姐弟俩用的是本土卢西亚语，之后姐姐一直保持用卢西亚语和弟弟说话，而弟弟全程转用当地商用语言斯瓦希里语。

我们可以感觉到，姐姐说家乡话是想向弟弟展示亲近，试图获得不要钱的商品，而弟弟的语言转码已经表示了自己的态度。

这里就涉及一个交际意图的问题。说话人通过语言向听话人展示自己的交际意图，而语言转码是其中一种方式，能引起听话人对这种现象，比如中英夹杂的特别关注，进而进行相关的语境假设，也就是脑补：他这是什么意思呢？双方准确无误地传达和获取意图后，这一轮交际便完成了。

对于中英夹杂的说话者，听话者很容易联想到对方可能想表达某种说话内容以外的意思：字面上他是在评论今天的食物，事实上也暗含了他想表现自己见多识广或洋气不老土，又或者家境不错、工作不错、学历不错……你看，意图的传达和获取在双方之间都如此不费力，在语言学上这是一次成功的交际，所以中英夹杂还真是装的不二选择。当然，也有可能说话者想表现出来的意图完全没有被听话者获取，最后听话者获取的意图是：装。那就有点遗憾，这个交际不太成功。

为什么北方人过什么节日都吃饺子？

冬至，我国农历中的一个重要节气，也是中华民族的一个传统节日，时间在每年公历的 12 月 21 日至 23 日之间。冬至这天，太阳直射地面的位置到达一年的最南端，这一天北半球的白昼达到一年中的最短。

之所以要特意科普这一段，是因为估计不少人的地理知识都就着饺子吃了。对，冬至要吃饺子。实际上现在过很多节日，南北双方都必有一场“大战”，焦点永远只有一个：饺子。

那么，究竟为什么北方人过什么节日都要吃饺子？

很久很久以前，饺子跟馄饨是一回事

说北方人对饺子有执念，我们首先要理清一个概念，到底什么是饺子。

仔细分析这种所谓的北方专属食物，会发现它具有以下几个基本特征：1. 是面食；2. 中间有馅；3. 主要食用方式为煮；4. 形状为半月形。

通过上面几点我们可以看出，除了与形状有关的第四条外，饺子和南方人民喜闻乐见的馄饨没有什么本质差别。事实上，饺子和馄饨的关系悠久而且复杂，自古至今这两者都存在混淆不分的情况。

馄饨大约在秦汉时就已经出现，因为密封成一团，很像《庄子》中提到的没有七窍的“浑沌”，所以以此得名。饺子是馄饨的一种衍生品。北齐颜之推在《颜氏家训》里说：“今之馄饨，形如偃月，天下通食也。”证明这个时候，虽然顶着“馄饨”的名字，但现在的“饺子”已经形成，而且颇为流行普及。

饺子逐渐有了区别于馄饨的专有名称大约是在唐宋时期，如唐代的“汤中牢丸”、宋元时的“角儿”“扁食”等。明清时期又冒出了“水角儿”“汤角”“煮饽饽”等一大票称谓。“饺子”这个叫法，则要到清末民初才正式出现。

三国时代的陶俑，厨案上的中心位置摆着饺子状食物

区别于馄饨在南方的发扬光大、流派纷呈，千百年来饺子并没有明显变化。而有意思的是，复杂的馄饨演变成普通的日常食物，可一以贯之的饺子却让北方人爱得深沉，念念不忘：平时吃，过节也吃；孜孜不倦、不亦乐乎。

所以，广大南方人民提出了一个严肃并且深刻的疑问：饺子到底有什么好吃的？

后来饺子怎么就成了“盛宴”的代表？

饺子本质上是一种面食，所以，面对于饺子至关重要。受气候及地理条件的影响，国际国内都公认优质小麦产区为 36° N 附近。对应到中国地图上，就是华北平原和山东丘陵一带。中国南方则很少种植小麦，因为湿热的气候不利于小麦灌浆，种植小麦不仅产量低，还极易造成小麦赤霉病害。

饺子皮的问题解决了，接下来看看饺子馅。饺子之所以在北方发展成一种节令食品，饺子馅起到了举足轻重的影响。原因很简单，饺子馅里有肉。

在旧社会以及新中国成立后的很长一段时间内，我国人民的普遍生活水平都维持在比较低的状态中。肉类作为商品在很长一段时间里相当短缺，一直到 20 世纪 80 年代才逐渐停止了凭票供应。而且肉类价格高昂，一般家庭根本不可能在日常饮食中负担。于是，包着肉的饺子在人们的心中与“盛宴”画上了等号。既然是“盛宴”，当然只有在逢年过节时才能享用。反过来说也成立：逢年过节必须以饺子作为“盛宴”庆祝。

因为商品缺乏而获得相似待遇的还有面条。在北方，关于节令饮食的民谚有很多，但始终没有离开饺子和面条这两样，比如“头伏饺子二伏面”“初一的饺子初二的面”。所以，如果说北方人过什么节都吃面条，其实也是成立的。

最后要提到的影响因素是包饺子。从和馅到擀皮、包饺子，比较来看，饺子的烹饪准备工作相对复杂、耗时较长。除了节庆等特殊的日子，平常人们很难有这么多空闲时间来做一顿饺子。而入伏、冬至这些时间不仅处于农闲的间歇，而且刚好经过丰收时期，家家谷满仓，人们也就有了机会改善改善伙食。

饺子逐渐变成了一种情感寄托

不过饺子如此受欢迎，也是因为它的确好吃。这可不是乱说，是有理论根据的。

吃饭一般是一项集体活动。人越多，各种口味的要求也就越挑剔，有人不吃甜的，有人不吃辣的，也有人不吃酸的，但是，不吃咸的人微乎其微。而饺子主要就是咸、鲜的口感，适应大众的整体口味，再挑食的人也不至于对饺子产生绝对的抵触。于是，饺子成为居家团圆、外出聚会的保险选择。

从营养角度来看，饺子的综合指标也不错，有肉有菜有淀粉，营养搭配均衡；采用水煮的烹调方式，健康又好吃；况且还有饺子汤搭配食用，利于消化。对于吃饺子配饺子汤这个习惯，北方民谚叫作“原汤化原食”。

北方人坚持在各种节日里吃饺子，往往还和特殊的民俗挂钩。民间传说，饺子是由医圣张仲景发明的，其最初目的是为了治疗冬季里被冻伤的耳朵。冬至吃饺子成为习俗，蕴涵着人们希望平安过冬，耳朵不受冻的愿意。而对于相对温暖的南方，冻耳朵基本不是一个需要考虑的问题。

清代末年，北京有风俗规定，除夕到大年初五的五天内，不能用生米做饭。这也就解释了“初一的饺子初二的面，初三的合子往家转，初四烙饼炒鸡蛋”的来源，这些食物无一例外都是面食。至于年三十吃饺子取“更岁交子”之意，更是人人皆知的了。

不过，我们刚才说的这些因素基本都是表面现象，这其中更深层的原因应该是北方人对饺子的特殊感情。对于很多北方人来说，饺子就是家的味道，象征着团圆美满；包饺子的过程也是一家人团聚的过程，代表着其乐融融、欢悦愉快的美好味道。当一种食物变成一种感情的寄托时，无论口感如何、制作工艺如何，它都是独一无二、不可取代的。

北方人真的不是什么节日都吃饺子

其实，北方人过什么节日都吃饺子是个伪命题。元宵节的元宵，端午节的粽子，中秋节的月饼，北方人哪样也没少吃。要不哪里来的甜咸粽子之争?

纵观北方人一年的食谱，饺子确实占了很大比重，但绝对不是全部。下面我们就来看看其他几种常见的北方食物：

春饼 春饼是用面粉烙制或蒸制而成的一种薄饼，食用时，常常和用豆芽、菠菜、韭黄、粉丝等炒成的合菜一起吃，或抹甜面酱、卷羊角葱一起食用，有的地方还讲究用酱肚丝、鸡丝等熟肉夹在春饼里吃。

焖子、炒黄豆 二月二吃焖子是天津的特色。焖子由红薯淀粉制成，入锅煎成两面金黄，吃时蘸芝麻酱、蒜汁、辣椒油等。河北、山东一带二月二则要吃炒豆子，借爆炒黄豆时的响声驱虫除害。

“贴秋膘” 北京、河北一带民间流行“贴秋膘”。伏天人们胃口差，不少人都会瘦一些，因此到了立秋之时，就会吃些味厚的美食佳肴，名曰“以肉贴膘”。这一天，普通百姓家吃炖肉，讲究一点的人家吃白切肉、红焖肉或肉馅饺子、炖鸡、炖鸭、红烧鱼等。

其实说到底，过节图的就是个高兴，至于吃什么，则完全随个人的喜好了。

拿什么拯救长辈的朋友圈

当父母一辈的亲戚开通了微信，你有什么感受？长辈们朋友圈里转发的文章，相信很多人都深有体会。

各种在长辈朋友圈被转载的耸人听闻的传说或谣言，为什么依然还有人相信？事实上，不管是短暂流行的谣言还是越传越邪的都市传说，都并没有因为官方、媒体或当事人的辟谣而消散。那么，我们一定要与这些不真事实斗争到底吗？

世界各国人民都怕有人偷肾

我们先来看一则某地流传甚广的恐怖传说。

某地有两个村庄，村庄间隔着一条河。一条水泥道路穿过河道，本可以帮助人们过河，但这河道有点远，所以很多人过河时会选择近道——一座用原木搭起来的粗糙小桥。人走在木桥上颤巍巍的，桥下就是湍急的河水，深浅不知，水中还长满了水草。

家长们总会警告孩子晚上不要乱跑，尤其不要走那座木桥。但光告诫没用，所以要加上一个反面典型：有个从矿上下夜班回家的工人，夜里打手电过桥，结果掉到河里，怎么呼救也没人听到。第二天早晨有人路过，发现了他的尸体。

这个故事在孩子们中流传开来，后来演变为：过桥的人是被水鬼拽到河里的，在他之前还有个女的掉下河淹死了，于是就在夜里抓路人当替死鬼。

到底有没有人掉到河里，至今也没人去考证。这个恐怖故事流传甚广，既成为吓唬孩子的利器，也成了不少人的谈资。20 多年后，小木桥早就被拆了，河道里铺上了宽阔公路，但有的司机仍不愿在天黑之后走那条路，“河里淹死过人，很邪”。

这应该算一则典型的“都市传说”。1981 年，英语文学教授简·哈诺德·布鲁瓦德首次推广了这一概念：都市传说通过口头、新闻或网络等途径无休止流传，内容从怪诞到惊悚都有，堪称民间传说的现代版本。

因为来源往往含混不清，都市传说被列为谣言的一大分支，它的同胞还包括简单的流言、狡诈的宣传和各种恶作剧。现代社会，尤其是网络让谣言的传播更加容易，在不少批评者看来，这一切成了现代社会的祸害。

都市传说具有谣言的一般特征，同时也有民间传说的特征和功能。有些都市传说自带娱乐属性，比如 1997 年美国小报《Weekly World News》登载了一篇文章，称英国一本权威医学杂志刊载论文指出，“只要注视女性丰满的胸部 10 分钟，效果等同于有氧运动半小时”。这则“新闻”被多国媒体转载，3 年后还上了台湾晚 7 点的电视新闻。

一则谣言在形成后有高潮也有低谷，但都市传说一般不具备时效，往往根据环境的变化死灰复燃，传播开来后保留故事的核心部分，外部则被不断添油加醋。例如我们耳熟能详的“割肾传说”，最早源自2001年《南方都市报》对“澳洲盗肾案”的改装，主角是到澳洲旅游的新加坡男子。这则异域传奇当时未能成为论坛热点，也没能酝酿成热门话题。

5年后，盗肾故事的发生地变为广州大学和一些南方的高校，出现在QQ空间、同学录和各大论坛上。2008年，四川女生版的盗肾传说诞生。那它的来源到底是哪儿？1991年4月，《华盛顿邮报》刊登了一篇关于偷肾流言的调查报告，作者发现，偷肾故事出自一本退稿的电影脚本。再往前追溯，阿根廷在1980年代末就已经流传黑手党强割贫民儿童肾脏的故事。

“偷肾故事”到底绵延出多少个版本，要说清楚可能需要再单写上几篇文章。

不难发现，在中国流传甚广的都市传说，总是带着些科幻或灵异的色彩。比如“偷肾故事”的中国版就植入了鄙夷出入夜店的价值观。另一些流行的故事不一定要新近发生，而可能是过去的逸闻对现实的影响，包括所在城市里区域和建筑的黑历史。

不过，这也是没办法的事，我国历史悠久、地大物博，又处在现代和前现代的交叉点上，这一切都赋予了都市传说天然的创作背景。

相信都市传说，也是因为你懒惰的天性

既然很多都市传说都有明显的漏洞，为什么这类信息还能经久不衰？美剧里有这样一句台词：谎话需要两个人，一个人说，一个人听。

所以我们先来分析一下都市传说本身。研究者布鲁瓦德认为，都市传说通常具备一条有悬念的故事线索、一定的可信度以及或隐或显的道德训诫，这样就可以作为鲜活的口头民俗保留下来。人们热衷于聆听和传递，不仅因为其情节有趣，更是因为它传达了某种有价值的相关信息。它反映了社会中人们关注的焦点。

放大到谣言的角度来看，一则谣言能够广为流传，让许多人信以为真，总是能做到下面几点：

1. 让人感到焦虑。不管是偷肾还是鬼屋传说，谣言很少有积极的内容。人类天生倾向于接受消极信息，这具有进化上的意义：现代社会虽不用担心被野兽追杀，但还是免不了被炒鱿鱼，所以我们把谣言传来传去，想搞清楚到底会发生什么。

2. 内容生动劲爆，却又不会离谱到孩童都不信。拿偷肾故事来说，其内容与大多数人的既有偏见相一致——残忍的犯罪分子、肾在器官市场很抢手、喝醉了就只能随人摆布……

3. 关注人们耳熟能详的话题，最近哪些话题比较热，就很可能出现谣言。比如日本福岛核泄漏发生时，“吃盐防辐射”

的谣言就鼓动着大家冲进超市抢盐。

4.“一年里人睡觉要吃掉八只蜘蛛”“太空中能看见长城”……好的谣言简单明了，描述生动，便于记忆。都市传说要想流传下来，得绘声绘色、栩栩如生。

5.长久的谣言难于被证伪。你能把尼斯湖抽干了找水怪吗？你能到城市中传说的鬼屋住一夜吗？

接着，我们来分析其中人为的因素。在谣言研究的早期，传播都市传奇的某人或某组织被称为“带菌者”。本质上，人们传播一个未经证实的消息，是在试图理解这个世界。而不论一则信息是真是假，人的第一反应总是信以为真，怀疑永远是更费脑筋的后续动作。

说到底，还是懒在作怪。

人到底有多容易轻信？若是有人说你是完美主义者，你就立刻联想到自己认真工作、校对标点错误的感人事迹，却想不起来洗衣筐里的衣服堆成了山。这就是“证实偏见”，每看到一个信息，我们都会“好心”地帮它找证据，而不是反驳它。

除了懒得判断真假，我们还更愿意相信熟悉信息。一个“曾经在哪儿听过”的消息似乎更容易被相信。爸妈、同事、同学，甚至保安大哥、保洁阿姨好像都说过手机辐射影响健康，到底有没有证据？懒得去求证，索性就不要把手机放在裤兜里，睡觉时也别放在枕边好了。“宁可信其有，不可信其无”，你就这样又上了一当。

最后，对于可能造成的损失的焦虑，推动着我们把信息传播出去，以帮助更多人免受损失。心理学家统计了《纽约时报》的分享数据后发现，那些激起人们包括焦虑在内的情绪的文章，更容易被分享给他人。于是，很快速地，一则都市传说就这么被传播开来了。

都市传说也有积极的一面

文字出现之前，口口相传是唯一的交流渠道，因此，谣言算得上最古老的传播媒介之一。现代对谣言的系统研究兴起于第二次世界大战期间的美国，目的是调查战争期间谣言大量繁殖对军队士气的不良影响，谣言控制也随之提上了日程。

之后，新的研究者认为，这样的态度有失偏颇，因为一来严格控制并不能让谣言消声匿迹，二来有许多谣言在后来被证明并不是失实的。日本学者涩谷保就主张，谣言是社会群体解决问题的工具形式，让人们得以面对生命中的种种不确定。它既是信息的扩散过程，又是一种解释和评论的过程。通俗翻译一下就是：谣言是不好的，但没有谣言也是不好的。

对于更具娱乐性的都市传说，很多现代学者都将其纳入民俗学的范畴进行考量，认为它是一种对于“市民”的贴身观察与分析，在揭开周围世界的面纱的同时，解除了人们的焦虑，借由道德控制的形象起到正面作用。

每个时代的都市传奇都反映出各自的特性与生活体验，如 21 世纪初的都市传奇普遍充斥着新鲜事物，如“吃了转基因食品会畸形”和“新型病毒的爆发”，继而映射出人们的价值和道德理念。

发自内心地说，繁华的都市并不能带给我们安全感。芝加哥学派的代表人物路易斯·沃斯认为，都市中的生活更刺激，也更加异化。生活方式的激变与凌乱，为都市传奇提供了现实源泉，无论是大厦、楼梯这样的环境还是交通工具、通信手段，都是都市传奇的绝佳素材。

在都市中，人的心灵极为脆弱。我们不断伤害别人、被别人伤害，渐渐地开始恐惧所有发生着和可能发生的伤害。有压抑就要有宣泄的方式，某些都市传奇自然而然就成了“缓释剂”。至少，它能提醒人们更加小心地生活，而人类生来就更容易记住那些让人生存下去或找到伴侣的信息。

南澳大利亚大学做过一项研究发现，像大型办公室这种有明确等级的群体中，有关公司的小道消息 95% 左右都是真的！

你的处女情结是怎么来的？

相信看过金庸小说《神雕侠侣》的人都会对小龙女失身这一情节有印象。这段情节可以说是金庸小说中最令观众遗憾的情节之一。如果深究原因，有一个绕不过去的因素——貌似有史以来就困扰中国人的处女情结。

实际上，古人比你想象的，甚至比你都开放多了。是不是处女在很长一段时间都不算是什么大不了的问题。今天我们就来说说，中国人的处女情结是怎么来的。

从“野合”到同居，那都不是事儿

先秦时代，人们压根就没有什么处女观念。按《周礼·地官·媒氏》记载，仲春二月是男女相会，特别是未婚男女狂欢的节日。在这些日子里，要是有谁无缘无故地禁止别人的狂欢“野合”，就会受到官方的处罚。

《诗经》中有大量这样的男欢女爱及爱情内容的描写，对男女之间的接触与纵情狂欢毫无避讳，这表明《诗经》对性的宣扬是直率的，有时甚至是夸耀的。人们对“野合”并没有丝毫的下流羞耻之感。

到了秦汉时期，风俗依然相当粗犷。汉文帝的母亲薄姬在嫁给刘邦之前，是魏王豹的老婆。汉武帝的母亲王美人在嫁给汉景帝刘启之前，是民间普通人金王孙的老婆，还生过一个女儿。据说，三国时，曹操每攻占一座城池，专找当地的寡妇，从不待见处女。而他的儿子曹丕还娶了别人的老婆为妻，生下的儿子曹睿就是魏国的第二任皇帝。如果当时处女情结是时代主流，太子曹丕娶一个二婚女，为了皇家的面子也必然会受到干涉。

唐代更是“熟女”们的好时代。正史《新唐书》中，唐代前半期的公主大约有 100 名，其中再婚的公主就高达 30 名之多。诗人李商隐就曾写道：“女弃上车，夫人不保其贞污”，意思是新娘子不保证就是处女。

在唐代，甚至可以由女方主动提出离婚，叫作“义绝”（男方提出离婚的理由叫作“七出”），其协议离婚的理由通常为性格不合以及男方长期不在家，这些都能得到官方的承认。晚唐年间，有一个名叫呼延冀的人携妻去外地赴任，中途因故与妻分别。分别时，妻子就说：“如果你不来接我，我马上就出走，肯定有接受我的男人。”呼延冀到任后没多久，就收到了妻子的分手信，说她有了新的男人（见李隐《潇湘录》,《太平广记》卷 344）。

敦煌地区的唐人更甚，还有试婚风俗，和今天的婚前同居无异。敦煌遗留的文献中，曾出现一卷残文的标题：《优先婚前同居书》。这实际上是男女双方在正式婚配前实行试婚同居的文字契约。

礼教还是有，但并非很较真

当然，这也不是说古人就从来没有贞操观念。从封建礼教开始发展的秦汉时期起，统治者都倡导过男女之规与女子贞节，但是并非视为十分严重之事。

秦汉时期有刘向的《列女传》、班昭的《女诫》以及《礼记》的独立成书，给予妇女理论指导。在实行时，统治者还采取一些行政与法律措施，像秦始皇就曾在泰山、会稽等地的石头上刻字，提倡贞节。汉朝的皇帝也效仿秦始皇奖赏贞节妇女。

晋代张华所作《博物志》中记载了用来检验处女的技术——守宫砂（又名“壁虎”），用法大概是用丹砂喂养壁虎，然后把它捣烂，做成一种红色颜料点在女子手臂上。这种颜料在女性手臂上终年不褪，直到她与男人性交后才会褪掉。不过以今天的科技来看，这种做法最后测出来的结果的真实性实在值得怀疑。壁虎主治蚊虫叮咬、瘫痪、破伤中风、反胃膈气等疾病，跟贞节好像扯不上关系。

宋、元开始较真，但也挺纠结

虽然如此，但从总体上看，这一段漫长的历史对妇女的贞节观念还是较为宽泛的，寡妇再嫁决不会被视为不符合礼教规范之事，也不会被严加指责或禁止。不过到了宋朝时，贞操观念就开始逐渐强化了。

中国古代妇女贞节观念发展的转折点发生在宋元时期，贞操观在这一时期得到了空前强化，尤其是在元朝之时。但是，在这一时期处女情结的形成并非一蹴而就，而是经过一番纠结与阵痛才逐渐形成的。

到了宋朝时，人们开始对贞操这个东西变得在意起来，这或许是因为程朱理学的发展所推动的结果，各种口号诸如“饿死事极小，失节事极大”“男女授受不亲”等都是由理学提出的。

但是，理学在这一过程中的宣扬和执行实际上处于脱节的状态，导致宋朝从宫廷到民间，真正日常中的男女之情并没有受到制度性的全面管控，妇女再嫁普遍。

社会风尚的传承具有较大的稳定性和历史惯性，元代贞节观念也延续了宋时的开放风气，而蒙古政权在由北而南逐步推进的过程中受南方理学的影响也较为缓慢；加之元朝统治时间又较短，因而导致了“统治阶级宣传贞节，社会下层继承前朝”的纠结局面，并且普罗大众在这一博弈中明显占了上风。

《墙头马上》是元杂剧四大爱情剧之一，剧中极力宣扬男女自由结合的思想，男女主角私奔同居，被拆散后又重新团圆。元代戏曲不少都着重男欢女爱的追逐，并无太多束缚。

另一方面，在强化妇女贞操观方面，元朝统治者也一直在搞顶层设计，并确实在不断向下渗透，包括对妇女贞烈行为做出制度上的规范，如四处搜罗贞烈女子事迹并给予表彰。这一切听起来似乎都与这个朝代的总体气质着实不符，不过事实上，《元史·列女传》

中关于妇女节烈事迹的记载的确大大超过前朝。

当然，由于这些表彰制度在执行上不到位，对于妇女离婚再嫁的制度规定也大多沿袭前朝较宽松的特点，加上蒙古族本身风俗习惯的影响，导致这一时期出现了妇女贞操观确实强化了但总体比较淡泊的局面。

理学中“存天理，灭人欲”的观念彻底用于禁锢妇女的情形发生在明清时期。明代正式确定了理学在思想文化领域的统治地位，对于贞节的奖励也用力最猛，发展到清代，对女子贞操观的重视达到极端的状态，如现在看来缺乏科学依据的验处女初夜的“见红”方法，在当时像宗教仪式一样被推崇。

洋人汉学家：没隐私激发了“假正经”的处女情结

不过对于这一时期处女情结在社会上的普遍强化，外国的汉学家有不同的看法。荷兰汉学家高罗佩认为，是蒙古人对汉人严格的户籍和住房管理制度导致隐私空间被压缩，并引申至处女情结。

首先，大城市中的每家每户都成了严格管控的“宿舍”，整座城市成了一个大宿舍，或者说“大监狱”。谢和耐在《蒙元入侵前夜的中国日常生活》一书中曾说：“公元 1276 年以后，自蒙古人侵占杭州城始，每家每户就都有义务在门口贴上一张户口清单。”

《马可・波罗游记》中也说：“该城的每一位市民——都习惯在他的门上写上他、他的妻子、他的佣人以及所有和他同住一处的人的名字。……家中有人亡故，就须将其名字抹去；若有孩子降生，亦须再添加上去。这样，统治者就能够确切地掌握城中的居民人口。这也是遍及中国南北的通常做法。”

在严格的户籍和住房管理制度下，元朝军事当局还经常指定安排蒙古士兵住进汉人家中。高罗佩在《中国古代房内考》一书中说：“房东便想方设法把家眷关在自己的房间里，并且开始越来越赞赏儒家把妇女隔绝起来的规定。……正是在这个时期，中国人的假正经已经显露苗头，他们开始竭力掩饰其性生活，使外人无法窥知。”正是在这种情况下，自由活动的空间消失了，隐私也日益被压缩。

在所有住宅被高度监控和管制，私宅被异族军人入驻的恐惧之中，中国人开始越来越将女性隔离起来，不让她们与陌生男性有任何接触。就是在这个背景下，中国人的处女情结越来越盛行，而且借着惊恐和被异族征服及占领带来的羞辱感而越来越深入人心。

全球变暖是一场骗局吗？

全球变暖问题，这是一个如雾霾一般重大同时也饱受争议的环境问题。科学界曾经有强烈的声音认为，人类活动造成温室气体增多，气候不正常地变暖，程度严重到国际社会 2009 年开了一个很轰动的哥本哈根大会讨论碳排放量的分配。

“全球变暖”这个近乎人类共识的观点，现在越来越受到挑战。另外一些科学家的声音说，放在地球气候漫长的演变背景中看，近期的全球变暖远没有到需要“拯救地球”的地步。“阴谋论”的论调则认为，全球变暖是一场被大国操纵的骗局。

变暖没错，二氧化碳高了没错，但两者是因果吗？

全球变暖的论调大家都熟悉了，这里再简单概括一下：在自然界中，种种气体的含量由于水循环、碳循环、氮循环等而保持相对恒定的量。而工业革命以来，人类大规模地使用化石燃料，将其以二氧化碳的形式释放到大气中，而自然界来不及“消化”如此大量的碳，因而造成大气中二氧化碳含量日益增高。地表接受阳光后释放出的热，被大气层中包含有水蒸气和二氧化碳的温室气体吸收，然后大气层也热了。大气层再放热，地表又被重新加热，于是地球越来越暖。以上就是科学家讨论的人为活动导致全球变暖的基本原理。

目前能达成共识的是，工业革命以后气候确实在变化，二氧化碳浓度与气温正相关，人类对气候变化有影响，我们确实需要节能减排。

但现在科学界的分歧在于，急剧上升的全球表面温度是不是由于人类活动引起的，跟人类活动究竟有多大的关系？

科学家玩反转：人类更应该担心气候变冷问题

另一种反对人类活动是造成全球变暖原因的论调，则是基于地表热量的根本——太阳辐射。

这要从地质史上的“冰河期”说起。地球曾历经三次温度持续下降的时期，地理学家将之称为“冰河期”；地球存在一个有规律的冰期循环模式，即每个冰期大约持续 10 万年，两个冰期中间由大约持续 1.2 万年的间冰期隔开。

南斯拉夫气候学家米兰科维奇的理论认为，地球的倾角变化、轨道形状以及摇摆度变化导致太阳辐射角度的循环变化，是冰河期形成的主要成因，而在这个自然循环中，每隔大约 11 万年，地球温度就会达到一次顶峰。

俄罗斯宇宙研究科学家哈比布拉·阿卜杜萨马托夫认为，在过去的一个多世纪里，太阳辐射强度呈现前所未有的急剧上升态势，并在 1998 年至 2005 年达到峰值。强烈的太阳辐射使得海洋表面温度升高，并产生大量二氧化碳温室气体。与海洋表面产生的温室气体相比，人类活动产生的温室气体微不足道。

而根据阿卜杜萨马托夫所在的俄罗斯科学院普尔科夫主天文台的观测数据，由于太阳辐射的变化，地球温度将再次达到顶峰，这意味着间冰期已经接近尾声，地球即将进入下一个冰川期。“即使人类向大气排放的二氧化碳量达到历史最高纪录，也不会阻止全球气温走低这一趋势。地球变冷而非变暖才是人类的真正威胁。

在人类历史中当下并非最暖时刻

所以现实是残酷的，人生是艰难的，气候是复杂的，尤其是放在地球漫长的地质演变中来看。目前常被提及的一个观点是，全球虽然在变暖，但是现在的状况仍然在地球自身正常的调节范围之内。

从 2 000 年甚至更长的时间序列来看温度变化，类似过去 1 000 年的温度变化过程曾不止一次地发生过。20 世纪的变暖虽十分显著，但或许并不特别异常，变暖有其自然背景，至少部分可归结为气候由冷转暖的自然变化过程，而不能完全归因于人类活动导致的温室效应增强。

有地质学研究表明，目前地球正处于一次已持续了 258 万年的大冰期（第四纪冰河时期）之中，只不过暂时位于次级冰期之间较暖的间冰期之内。这也就是说，目前并不是历史上最暖的时期。

欧洲公元 10 世纪到 14 世纪出现了一个不正常的温暖时期，被现代科学家称为“中世纪暖期”。而在中国，公元 600 年至公元 1050 年是一个大温暖期，这个温暖期是中国历史上的隋、唐、五代和北宋时期。那个时代，荔枝这种南方水果曾经在四川大面积种植，所以才有了“一骑红尘妃子笑，无人知是荔枝来”的诗句。现在，由于气候变冷，四川只有泸州一带能种植荔枝。

不过，没有证据证明，在这些时期全球其他地区也同步变暖，所以，上述气温变化的观点也还有待商榷。

近 20 年内全球变暖速度停滞了？

全球变暖停滞，是气候学家目前遇到的最大谜题。1998 年至今，温度的增长趋势为每十年增长 0.05℃，远远小于 1951 年到 2012 年这个时间里每十年增长 0.12℃的趋势。

不过，与其说全球变暖停滞，不如说减缓更准确些。《环球科学》的一篇文章说，全球平均气温在 1998 年达到历史最高点，但从那以后，气候变暖趋势就莫名停了下来。这也就是说，虽然全球一直在变暖，大气层中二氧化碳的浓度也一直在增加，但变暖速度非常慢，而且一直在变得更慢。

一些研究认为，其原因在于过去 20 年太平洋信风风力的空前加强。这些吹过热带地区的东风加速了赤道地区的海洋环流，将热水推入太平洋深处，同时给海平面带来了较冷的水。

大气吸收的热量肯定是一直增加的，可是平均地表温度没有上升，那么热量肯定是以某种形式储存在地球系统中的某一个部分，这其中海洋很可能扮演了重要的角色。

不过，科学界目前对于全球变暖速度减缓的一些细节认识还没有达成共识，比如是什么机理造成了这个现象？会持续多久？有什么潜在的影响？所以说如果这种减缓状况是一种非长期现象，哪天太平洋想换种风吹吹，那地球到底是会变得更热呢还是更冷呢？

总的来说，在漫长的地球历史中，人类从出现到现在不过短暂一瞬。人类想要研究地球为什么变暖，估计跟一只狗打了个喷嚏，于是它身上的跳蚤想要研究为什么发生了震动差不多，是一件非常困难之事。

中国未来能养活自己吗？

进口的粮食大都被家畜和家禽吃了

在进入正文之前，我们先来看一组数据。中国国家统计局发布的数据显示，2015 年，中国粮食总产量为 6.21 亿吨，比 2014 年增加了 1 440.8 万吨，增长了 2.4%。2004 年至 2015 年，中国粮食生产实现“十二连增”。

而在粮食增产的同时，我国的粮食进口量也在持续增加。这些年来中国一直是世界上最大的粮食进口国。2015 年，中国全年的粮食进口量更是达到 1.2 亿吨以上，是粮食总产量的 20% 左右。

那么，为什么在我国粮食连年增产的同时，粮食的进口量也在不断地增加呢？其中最重要的一个原因就是，中国的粮食消费量近年来在大幅增长。要知道，中国的粮食消费量也高居世界第一。粮食生产量虽然也在提高，但生产的增长显然没赶上需求的增加。

2003 年，中国粮食的产量为 4.3 亿吨，那时候，中国粮食的进出口基本持平。2009 年是中国粮食连续丰收的第 6 个年头，这一年中国生产粮食 4.84 亿吨。可中国的粮食消费增长更快，该年中国粮食的消费量达到 4.97 亿吨。产量虽然增了，但消费量更大，因此只能依靠进口来弥补粮食的不足。

是中国人变得更能吃了吗？不是，是因为中国人吃得更好了。在吃饱饭之后，还需要更多的肉、蛋、奶。这些食物的生产，都需要消耗粮食。所以，这些大量进口的粮食并没有直接被人吃掉，而是被猪、鸡、牛、羊等动物吃了；此外，还有转化为汽油、生物制药等产品的工业用粮以及耗损和浪费。

有数据显示，目前我国的所有粮食消费中，口粮只占 30%，饲料用粮在 40% 以上，人畜争粮的局面越来越严重。事实上，我国进口的粮食中绝大部分都是饲料用粮。

2015 年，我国进口大豆 8 169 万吨，是国内生产量的 6.8 倍，占我国所有粮食进口的三分之二以上。如你所知，大豆除了可以榨油和食用以外，也是重要的饲料。按照 20% 左右的出油率来计算，大豆榨出约 20% 豆油后，剩下 80% 的产出物为豆粕，是猪、鸡、牛、羊等的主饲料之一。

2014 年我国肉、蛋、奶总产量分别达到 8 600 万吨、2 860 万吨和 3 840 万吨，比 2003 年分别增长了 34%、23% 和 108%。但是光靠进口粮食养牛、养鸡还不够，还得直接进口肉、蛋、奶才能补上缺口。

据行业内人士预测，到 2050 年，中国人要吃掉全世界 80% 的猪肉，这意味着还要大量的粮食才能养活这些舍身献肉的猪。靠中国目前的粮食产量和增长趋势，肯定是养不起的。

进口的原因，是因为国产的太贵了

除了需求量大以外，我国大量进口粮食的另外一个原因就是，中国自产的粮食价格实在是太高了。

这些年各种东西都涨价，只有粮食价格相对稳定，很大原因就是进口国外低价的粮食可以把中国粮食的平均价格控制在一个相对低的水平。

跟你印象中“农民种地不挣钱”不同，中国的粮食价格在世界范围内都是非常高的。2015 年底，小麦、大米、玉米三大谷物国产的每吨价格，要比国际市场贵 771 元、745 元、790 元。以大米为例，即便加上关税和运输费用，进口的也比国产的每吨便宜 400 元人民币。

那么，导致中国国产粮食价格高的原因是什么呢?

迄今为止，中国的农村依然以一家一户的家庭生产为主，2.3 亿农户，平均每户的耕种面积不足 0.5 公顷。

相比之下，美国、英国、德国等 9 个国家农业劳动力人均耕地面积是 42.5 公顷，巴西、南非、墨西哥和波兰等 4 个中高收入国家平均耕地面积是 5.8 公顷。

土地少而劳动人口多，就要在很小的土地面积上耗费大量的人力劳动，才能尽可能提高一点产量，因而大大提高了粮食的生产成本。举个例子：2014 年，中国用 20.3 亿亩的土地生产了 6.1 亿吨粮食，同年，美国用 29.6 亿亩土地生产了 5 亿吨粮食。虽然中国农业单产高，但美国只投入了300万劳动人口，而中国投入了大约3亿劳动人口。中国粮食怎么可能不贵？

由于土地分散，农民没有产权，没办法流转和兼并，大规模的农业生产和技术升级也没法实现。于是，虽然中国农民创造了不亚于发达国家的粮食亩产，但是一算平均还是远不如其他国家。

一份名为《中国现代化报告2012：农业现代化研究》的报告称，以农业增加值比例、农业劳动力比例和农业劳动生产率三项指标进行计算，截至2008年，中国农业的经济水平与英国相差约150年，与美国相差108年，与韩国差36年。中国的农业劳动生产率仅为世界平均值的47%，约为高收入国家平均值的2%，约为美国和日本的1%。

美国粮食为什么便宜？

那么，美国的粮价为什么能一直保持在较低的水平呢，仅仅是因为美国的劳动生产率高吗？事实上并不是。

除了大规模种植、用机械化代替人力降低了成本外，美国生产粮食所用的生产用具和生产资源的价钱和中国相比也是偏低的。有数据显示，除了农药以外，美国的种子、化肥、农具、灌溉资源的成本都比中国要低不少。

此外，粮食以及食品的价格并不仅仅和生产相关，还和包装、运输、仓储、销售等各个环节息息相关。

举个简单的例子，同样是一种木瓜，在南方和东北买到的价格肯定是不一样的，甚至会差好几倍，因为运输需要成本，需要人力、需要烧汽油。就算农产品不用交高昂的过路费，但是饲料、化肥在很多地方还是要交的，这都要摊到食品的成本里去。而美国有超过 10 万公里的高速公路，只有不到十分之一的路段需要收费。加上低廉的油价和发达的铁路、海路运输，在美国运输成本相当低。

最后，美国交易环节的税费也是比较低的，粮食进入超市基本是不需要交费的。在美国商场，消费者通常只需要交 3% ~ 9% 的消费税，在有些州甚至不需要交消费税。而中国的粮食上市销售，还要征收 13% 的增值税。

所有这些综合因素，导致了中国粮食价格昂贵，需要大量进口国际粮食来平抑粮价的结果。

当然，并不是说中国的农业生产变成美国式的机械化大规模种植，就能让中国不依赖进口。实际上，美国粮食的单位面积产量还要低于中国，但是架不住包括美国、俄罗斯、澳大利亚、加拿大在内的粮食出口国地广人稀，吃得少，成本低，可以大量出口，填补中国越来越大的需求空缺。

CHAPTER 4

孤单，
是因为无趣吗？

重新认知情商

有生之年，
如何进阶成一流段子手

段子无疑是时下最流行的表达方式之一，互联网中甚至有人声称这是一个“段子时代”。那么，活跃在网络中或者各类娱乐节目、畅销书籍中广受喜爱的段子，究竟是如何写成的呢？接下来我们就来看看，如何才能进阶为一个风趣幽默的段子手。

幽默感是天生的？

都说高智商、高情商的人才能成功驾驭高水准的段子，那是不是这些人的大脑也如爱因斯坦一样脑沟回九曲十八弯？

人类大脑究竟哪些区域与幽默感相关？不少研究人员得出结论：幽默加工的脑机制主要涉及右侧前额叶、腹内侧前额叶、颞后区（内侧和下部）以及小脑。

不同情境所激发的神经机制不同，但都要涉及左右两个脑区。而且，如果大脑的右半球损伤，尤其是颞叶和右侧前额叶受到损伤，会更加影响对幽默的理解能力。

不同形式的幽默激发不同的脑区

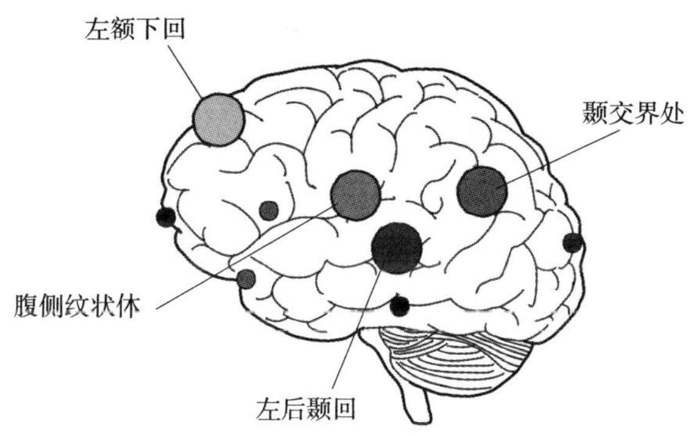

所以说，在我们大脑未受损的时候，每个人与生俱来都是具有幽默能力的。

那为什么不是每个人都能成为喜剧大师？专业喜剧演员的脑机制在处理幽默信息时和普通人有什么不同？

2014 年 11 月召开的第 44 届神经系统科学学会年会上，有学者指出：和普通人或业余爱好者相比，专业的喜剧演员在产生幽默的区域有更多的大脑活动，尤其是大脑颞叶区显示了更多的活动。换句话说，负责幽默感形成的大脑区域活动越多，个人的幽默感越强。

但是专业喜剧演员的大脑在与感受幽默有关的区域（尤其是腹侧纹状体）则显示了最少的活动量，而且这些活动量的消失也比其他参与者更快。所以说，“忧伤小丑”的说法也不无道理，当然这或许是因为，以说笑话为工作的人对好笑的事情早就有免疫力了。

但是，虽然大脑为我们提供了成为幽默大师的土壤，但脑子这个东西是要用的。举个例子。一般来说，小孩子根本听不懂脱口秀演员的“包袱”，这是因为他们还没有经过一定的后天培训，和成年人不是一个话语体系；而老年人对新生段子的理解能力低于年轻人则主要是因为，他们的工作记忆容量减少，从而导致了信息加工速度减慢、认知灵活性降低。

段子也有文化和地区差异

一般来说，南方人若是没有点儿北京、天津的生活经历，很难听得懂到北京、天津地区相声里抖出的“包袱”。同样，长期生活在北方地区的人们，对南方相声也会有理解困难的窘状。这就是说，段子是有文化、地区差异的。

不同地区有方言、民俗的差异，依托于语言、文化基础的段子当然也是如此。

强烈的讽刺和自嘲是英式幽默的主题。英国人保守、内敛，他们的幽默讲究克制、含蓄，讲话人表情不浮夸，情绪都藏在冰山之下。幽默作家乔治·麦克尔斯就曾说：“英国人是世界上唯一为其幽默感自豪的民族。”

而美国人并不愿意花太多时间去弄清楚有趣的点在哪，因此美式幽默多用夸张、直白的语言来表达，多有插诨打科的特点。我们都知道幽默是美国总统大选中候选人的标配特质，作为幽默最高境界的自黑更是被历任美国总统演绎得淋漓尽致。

日本人的幽默则是出于对现实的压抑和理性的束缚的无奈。他们往往是通过幽默产生快感来排解生活的压力。

所以，要让全世界读懂你写的段子、抖的“包袱”，怎么也得有比白宫顶尖段子手更宽广的视野，懂个七大洲、八大洋的不同文化吧。

谁说无趣的人只能孤独终身？

幽默感的培养不仅需要先天生理健全，还需要后天多种环境的化学催化作用才能成就。要想成为一流段子手，着实不是件容易的事儿，什么原生家庭健全幸福啊、后天自强不息的人格修炼啊，没事还得读点王尔德、林肯啊，听起来确实难于上青天！

进化心理学家曾指出，幽默感是智力和强大基因的标志，女性更容易被有趣的男人吸引，是因为她们想把这个优质的基因传给后代。

纽约大学幽默和创造性研究院的 Scott Barry Kaufman 教授把这个过程叫作“性选择”，这就解释了为什么在关系初始阶段使用幽默很重要。“一个机智的人使用幽默感，同时也在传递他的智力、创造力甚至开放的心态。”

2006 年，新墨西哥大学的 Geoffrey Miller 教授和加利福尼亚大学的 Martie Haselton 教授研究有趣的男性对排卵期女性的吸引力。研究人员让女性受试者阅读对贫穷但有创意的男性和富有但不具有创造性的男人的描述，并评价个人的欲望。

Miller和Haselton发现，在高生育率期间，女性选择贫穷但有创造性的男性的时间是富有但不具有创造性的男性的两倍，但这只适用于短期关系，长期关系中他们并没有发现这种偏好。

实际上，不仅是女性，男性称喜欢有趣的女生也不意味着他们就一定喜欢幽默感十足的女性，否则为什么有研究表明，男人说了全世界60%的笑话？一个为期一年的调查显示，当一个男人说笑话时，71%的女人笑了；但是当一个女人说笑话时，却只有39%的人在笑。

加拿大西安大略大学的教授Rod A.Martin解释了性别偏好之间差异的原因："虽然两性都说他们想要一种幽默感，但女人是在找让她笑的人，男人想要的是一个能被他的笑话逗笑的人。"

换句话说，男人是在找一种肯定感。男人觉得爱笑的女人更有吸引力，这可能是由于笑意味着享受和兴趣，或者连接和理解，而这些正是潜在伴侣需要的品质。女性要找让她笑的人，更深层的原因是想找让她感到幸福的人。

所以，那句"爱笑的姑娘运气不会差"还是有道理的。天生口拙的男士逗心仪的姑娘开心就好了，毕竟，成天绞尽脑汁让成千上万的人开心也不是那么容易的。

唱歌跑调，这病还能治吗？

不知道大家身边是否总有那么一个或几个唱歌总跑调的人。唱歌跑调是一种怎样的体验？据某些唱歌跑调的人说，大概就是“唱出来首首都是原创，听起来次次都有‘惊喜’”。

那么，唱歌跑调究竟是因为什么呢？能否纠正？接下来咱们就来科学地谈谈唱歌跑调这件事儿。

唱歌跑调？其实是失歌症

唱歌跑调的人常常声称自己五音不全，实际上，“五音”原本是指中国五声音阶中的宫、商、角、徵、羽五个音级；而我们日常所表达的“五音不全”，也就是唱歌跑调的人说的那种“五音不全”，准确来讲并不是唱不全这五个音，主要是指唱歌者音高不准，无法分清各音符之间音高的差异。

唱歌跑调一般有两种情况，第一种是由于没有经过系统的声乐训练、唱歌时发声位置不对而导致的跑调，造成这种跑调的原因主要是缺乏技巧。不过，即使歌唱技巧足够好，也不一定能确保唱歌人绝对不跑调，比如一些明星，虽然唱歌技巧一流，现场演唱时却状况频出。

唱歌跑调的第二种情况就是天生音不准，唱跑调了自己还不知道。

虽然这两种情况都是唱歌跑调，但第一种情况里的人可能仍具备一定的音乐认知能力，比如辨音高、识曲调、哼曲子；而后一种人则天生音不准，这或许是因为先天性大脑发育不良或神经受损导致听力障碍，从而丧失了唱歌能力，这种情况被称为“先天性失乐症”，也称“失歌症”。

失歌症是一种音乐加工障碍表现，它其实和我们的听力以及嗓子好坏关系不大。患有失歌症的人听力、智力和记忆力都没有问题，但就是无法辨认音高、节奏、力度或音色之间的差异，也无法感知自己或他人歌唱时是否走调、节奏是否一致等。

失歌症这事儿由来已久

唱歌跑调的人自古就有。上面我们说到，有些人跑调是因为后天缺乏训练，而有些人跑调则是因为失歌症。别以为只有普通人才会得失歌症，大咖们也同样可能会出现这种症状，比如进化论的奠基人达尔文、美国第 18 届总统格兰特、美国第 26 届总统罗斯福等。

据统计，世界上大约有 10% 的人唱歌跑调，其中 4% 的人是先天性对音调精细识别的失敏，也就是说，唱歌跑调的人里有 4% 是因为患有失歌症而导致的。英国大约有 4% 的人患有失歌症，美国约有 5%，中国约有 3.4%。

失歌症这个概念并不是最近才被提出来的，早在 1825 年，弗·戈尔就曾提出，人脑中的某个特殊区域存在着“音乐暗盒”，它会在创伤性事件后受到损伤进而影响人的乐感。1865 年，法国医生詹尼·露·比多首次对由大脑损伤而导致的一系列失歌症症状进行了描述，不过这些看法多是指后天获得性失歌症，如脑损伤导致的失歌症。

1879 年，有报道称，失歌症属于失语症的一种，是由于大脑优势半球相关的功能区发育差异或继发于其他病变而导致的。1890 年，德国医生诺布洛克在前人研究的基础上建立了音乐处理的认知模型，并首次定义了失歌症。而到了 2002 年，第一篇关于失歌症的正式研究性论文才得以发表。

如何辨别失歌症患者

目前，被广泛使用的音乐认知障碍测试主要包括音高、节奏和音乐记忆三大部分，其可以通过这三部分，测试出人的音乐感知能力，从而区分出失歌症人群。

这一测试发现，失歌症患者存在着音高障碍。就像色弱人群无法分辨波长相近的颜色一样，失歌症患者不能对音高之间的半音变化作出反应。

这种在音高上的识别障碍会在现实的音乐环境下被放大，进而出现和音乐相关的记忆障碍，且音高感知障碍则影响节奏的加工，因而患有失歌症的患者在音高、节奏和音乐记忆三个方面都存在问题。

而失歌症患者的症状在生活中则具体表现为拥有正常的听力、智力和记忆力，却完全无法感知音乐，对那些即使听过上千遍的旋律依然记不住，再听一遍依然感觉是首新歌。当然，他们也听不出不和谐的音调，这就意味着正常人听着忽高忽低的声音在失歌症患者听来并没有异样。

失歌症患者不能准确地唱出一首歌，而且既然此类患者无法感知音乐，他们自然意识不到自己跑调了，所以遭殃的只有围观群众。

失歌症患者可能还存在着沟通障碍。调查显示，30% 的失歌症患者都有语调识别障碍，不能准确辨别语调，而只能依靠情景或肢体语言来识别说话者想要表达的意思。这也就是说，“去吃饭？”和“去吃饭”这两个字义相同但由于语调不同而导致表意不同的句子，失歌症患者并不能很好地区分。所以，如果你有一个患有失歌症的朋友，最好不要希望他们能读懂你说话时的“弦外之音”。如果你说“我没什么事儿啊，不用管我”，那么这个耿直的朋友就会真的以为你没事，毕竟他不能准确读懂你说话时的潜台词。

人为什么会患上失歌症？

目前的研究表明，失歌症主要分为先天性失歌症、获得性失歌症和“假性”失歌症等。

先天性失歌症即失歌症为先天性、遗传性的。研究发现，39% 的先天性失歌症患者的直系亲属也患有失歌症。这也就是说，如果你天生跑调，那么你唱歌跑调的根源可能在你的上一辈那儿。

也有一些后天疾病会导致失歌症，如脑部出现炎症、出血、外伤、肿瘤等症状或其他原因，导致语言中枢受损所引发的失歌症；发育期的训练不当、缺乏音乐刺激等也会导致患上失歌症，此类为获得性失歌症。

还有一种情况叫作“假性”失歌症，可能是由于临时的突发性原因，如太过紧张、嗓子不适等原因导致的暂时性五音不全。这种情况不属于真正的唱歌跑调，因而目前关于这种情况并没有过多的研究。

人们为什么会患上失歌症这个问题目前仍没有确切的研究结果，但根据失歌症的分类可以推论出，失歌症是先天的遗传因素和后天的环境因素共同作用的结果。

从先天的遗传因素来讲，人类大脑的右半球主管着人的想象、颜色、音乐、节奏等，遗传等方面的原因会导致“音乐脑”产生对于音高的识别障碍。

大脑中额叶所管理的功能区

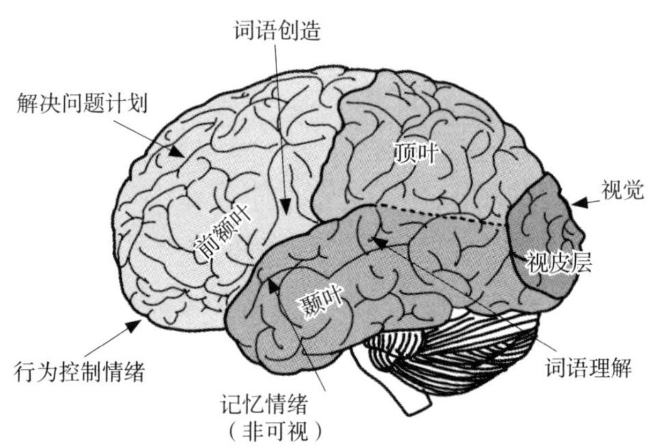

也有研究表明，失歌症与大脑双侧额叶的发育有关。左半脑额叶区的运动性语言中枢，管理语言、性格、判断力、注意力、书写等功能，与情感的清晰表达、声音的精准模仿等都密切相关；右侧额叶下回在音高感知中发挥重要作用，负责音高编码、音高保持和记忆。正常发育的情况下，双侧额叶下回能敏锐感知音高序列的变化。

2009年，芬兰赫尔辛基大学的科研人员对脑卒中患者的左或右半球大脑中动脉进行了长期的跟踪研究，结果表明，失歌症患者常有着较多的额叶和听觉皮层病变。当大脑左半球颞叶前部发生病变后，患者部分或全部本有的认知音符、歌唱演奏以及欣赏乐曲的能力容易丧失，进而外现出其唱歌跑调。右侧额叶下回受损时，患者在音高识别、保持和音高记忆等方面都会受影响。

另有一些研究表明，对音高的判断和加工是大脑颞叶的重要功能之一，音调的处理和音高的加工一般是由大脑右颞区的听觉皮层控制的。

颞叶位于外侧裂之下，中颅窝和小脑幕之上，其前方为额叶，上方为额顶叶，后方为枕叶。此区域有区分旋律、音调及间隔信息的功能。

右颞叶听觉皮层负责时间分割，左颞叶听觉皮层负责归类，皮层运动区在节奏感知和产生中起作用。因此，双颞区和神经运动区的相互联动缺乏极可能是致使先天或后天失歌症产生的重要原因。

唱歌跑调还有救吗？

根据唱歌跑调的两种情况来看，并不是所有唱歌跑调的人都是失歌症患者。有些人唱歌跑调可能只是由于并未接受正统的音律训练而已。乐感差、对音节节拍不够敏感等原因导致他们唱歌时“鬼哭狼嚎”。这样的人群可以通过发音训练得到纠正，理论上是还有救的。

如果是由于遗传或者其他原因造成的失歌症，这类人群唱歌跑调的情况是无法治愈的。但凡事都没有那么绝对，虽然无法治愈，但唱歌跑调的情况可以通过治疗改善。不过，想要改善也没有那么简单，只有“从娃娃抓起”，从小培养孩子对声音的辨别力和敏感度，才可以在一定程度上缓解或避免跑调的发生。

所以，不管是不是失歌症患者，唱歌跑调都是可以改善的，只不过区别在于改善的程度不同。

撒谎，让生活更美好

我们从小被教育要诚实守信，不能说谎。不过，既然人们不喜欢别人说谎，可是为什么却总“不得已”骗人呢？如果没了谎言，世界真的会变好吗？

人人都爱说谎

世界各国的社会学家、人类学家、心理学家已经通过无数研究、实验证明了——我们无时无刻不被各种各样的谎言包围。

随便举几个例子。1996 年，科学家 De Paulo 和 Kashy 对 77 位大学生进行了一周的跟踪调查，结果发现，大学生平均每社交 3 次就有 1 次在说谎。一份来自英国的全民调查结果更惨不忍睹：男人平均每天说谎 6 次，女人要好一些，每天也要说谎 3 次。回想一下你这一天所有的社交和对话吧，是不是有很多语言、行为都显得“可疑”呢。

人们爱说谎就算了，更要命的是，似乎很少有人会为说谎感到难过和不安。慢着，那些说谎前的脸红、神情紧张、纠结不舒服如何解释？仔细想想，这都是说谎之前的表现。当谎言脱口而出，重点是没有被识破，又没给他人带来伤害时，说谎不会让人产生负面情绪，还会让人感到兴奋和激动。

这个看上去违背常识的假设被美国《人格与社会心理学》杂志的一项研究证实了。研究人员通过对超过 1 000 名来自美国和英国的被试者进行实验，发现即便没有任何奖励，作弊的人也会比没有作弊的人感觉更好。

用美国华盛顿大学的研究者妮可・鲁迪的话说：“人们在做欺骗行为时会经历一种做骗子的快感。”

说谎提高创造力

撒个小谎除了能带来一些“小庆幸”外，还有更实在的好处。在讨论这些好处之前，我们先来说说人们在说谎时，哪些大脑零部件是“共犯”。

有说谎经验的各位不难想见，说谎可比说实话“烧脑”多了。神经成像研究证实了这一点，指出，说谎时要用到大脑中的一些“高端”零件，比如背外侧前额叶，它可是负责记忆、判断、思考和调节情绪的高级中枢。

撒一个高技术含量的谎不是件容易事。科学家甚至把说谎当作衡量儿童是否成熟的标志。心理学家认为，儿童具备说谎能力才符合入学条件。谁有本事编谎话骗人，谁才能应付得了课堂学习。

既然撒谎被看成智力发展的信号，那么回到前面我们提到的问题，大家就能明白，费脑子撒谎的实在好处是——提高创造力。当然了，这里绝对没有鼓励大家通过骗人来提高创造力的意思。

美国的一些科学家做了一个实验，把100位被试者分成两组，依次做算术题和联想题。简单来说结果便是，那些做算术题时作弊又不承认的被试者，在随后的联想实验中成绩更高，也就是说，欺骗行为增加了个体的创造性。

研究人员指出，欺骗行为让人感觉可以不被规则束缚，而正是这种不被束缚的感觉提高了创造力。的确，说一个谎，再用100个谎去圆这个谎，实在是太考验创造能力了！

老实人最难骗

这样看来，谎言并非一无是处。除了上面提到的种种好处，在美国哲学家和教育家戴维·尼伯格看来，说谎还有更加高大上的意义："如果没有欺骗和误导，我们的生活，我们与周遭人的关系将完全无法想象。"

仔细想想，对女生胖瘦、美丑的评价，对朋友认可程度的判断，对爱人床上功夫的评判，对邻居审美品味的结论，或者是对一本书是否好看、一场电影是否精彩的回答，真话恐怕迟早会带来激烈争论甚至是不欢而散，做个诚实善良的人恐怕也很难和别人和平友好地相处。

在历数了谎言可能出现的各种利己利人的好处后，这里还是要提醒大家，能说实话尽量别说谎，更不要随便逮着一个人就骗，特别是老实人。因为那些看上去老实的人更容易拆穿谎言。

科学家找来了 29 名被试者，先让他们为自己信任他人的程度打分，再去观察“面试者”的表现，并为“面试者”的诚实度打分。结果，那些“老实人”具有更强的识别谎言的能力，对欺骗行为更加敏感，也能更精确地指出哪名“面试者”在说谎。

虽然人们都相信“老实人更容易上当”，事实却又扇了我们一个耳光。不过仔细想想，这或多或少能从社会交际能力、情商方面找到解释。试想一下，如果这些“老实人”对谎言更加敏感，同样的也就会更加信赖他人。因为这些人有足够的能力辨别对方的话是真是假，不至于轻易被对方骗。

你为什么说不出“我爱你”？

“秀恩爱”容易，维系爱情不易。很多人遇到的困境恰好如此，如对爸妈说“我爱你”就很难开口；情侣之间越熟悉，也越来越少说“我爱你”；总之，关系越亲密，似乎越难说出那三个字。

那么，究竟为什么我们羞于向亲密的人表达爱意呢？

距离越近，越难说出甜言蜜语？

“秀恩爱”的大部分都是热恋中的小情侣，相处时间长了，甜言蜜语反而说不出口了。实际上，对最亲密的人和陌生人说情话，你的手足无措程度可能相仿。

“我爱你”“你好美”这样的情话听上去很美，是人际交往中一种常见的策略性语言交际手段。为了拉近距离或维系彼此之间的关系，这样的甜言密语都是很有必要的。不仅是男女间表示爱意的语言，让人觉得愉快的言语广义上都可以视作情话。

然而在和亲人、爱人的日常交往中，我们往往没那么客气。举个最简单的例子，你对卖早点的大叔可以微笑着说声“谢谢”，可你妈给你摆好碗筷可能得不到这样的待遇。

预设情境下说说甜言蜜语来缓解家庭纷争、情侣间的小别扭可以理解，要是凭空来一句这样的话总让人有些羞羞的感觉。如果你的亲人或爱人无缘无故对你说句情话，多半你得飞快思考这到底是什么情况，该如何回应。

在亲密关系中，情话的表达遵循交换原则，也就是说，对方说情话具体是想从你这儿得到些什么。别想歪，这种期望多半是精神上的，即满足自己的内心需要。说白了，对方也想从你这儿获得爱意来满足内心需要。

觉得靠嘴说尴尬也没事，咱们可以用行动表达，一个眼神或一个拥抱的效果可能胜过千万句言语。肢体语言不一定能带来长久的亲密关系，但是要想长久和谐相处，肢体语言的表露一定是必不可少的。

美国石溪大学的丹尼尔·奥利里教授找来 724 对结婚 10 年以上的夫妻做调查。谈到维系情感的秘诀，大多数夫妻把票投给了“肢体接触”这一栏。拥抱、接吻这类表达爱意的举动，在修复破碎的情感方面，甚至要比语言更管用。

为什么有人腻得飞起，有人却羞羞答答？

别以为维系亲密关系很容易，实际上要达到一定程度，也是需要技巧以及天赋的。而衡量两人亲密与否的重要指标就是自我表露的程度，如小女生之间分享秘密可以增进彼此间的感情。

不积极表露爱意可能是因为不爱了，也可能是性格差异造成的。一个很重要的影响因素就是依恋类型，从婴儿期我们对待母亲的依赖程度就可以分辨各自的依恋类型。安全型的人更倾向欢悦乐天，容易和人发展出轻松的人际关系。而不安全型的人更敏感，或容易紧张，在人际交往方面较为吃亏。

这一点放大到亲密关系中更加明显。有国外研究者对 26 个不同依恋类型的以色列大学的学生做了深度访谈，探秘他们在爱情中的状态。结果发现，敏感的不安全型的人在爱情中渴望保持独立，而安全型的人则更在意爱情中的自我表露和分享。于是，安全型的人永远在喋喋不休地向爱人倾诉、表达，而不安全型的人则内心按捺住："要克制！克制！"

偷偷观察在"秀恩爱"上的个体差异，也许你也能大致了解一个人的内心世界。有人就爱在社交圈满世界晒对象、晒美食、晒自己，也有人低调不声张。

其他一些能影响自我表露的因素，包括大家耳熟能详的性别差异和交谈反应性。很明显，大多数情况下，女性表达自我的能力和意愿都更强。至于交谈反应性，这是说并不是每个人都能迅速将感情和想法快速组织成语言文字，以及及时做出反应；遇上慢半拍的人，另一半就悲伤了。

亲密伴侣之间彼此表露爱意，倾诉想法是很重要的，这一能力在维护亲密关系中不可或缺。

在表达爱意时，中国人比外国人更害羞？

人是受环境影响严重的动物，这点毋庸置疑。我们的价值观、性格和兴趣都深深受到民族心理的影响，因此异国恋、异族恋、异地恋都需要极大的包容以及大家的爱护。

不管追求个性的你是否愿意承认，每个民族的人都会有基本的性格模式，又叫基本人格。举个例子，游牧民族的画风就比农耕民族更加粗犷。美国自由的社会风气、外倾的民族性格使得他们在和爱人表达爱意时可以无比热情开放，而克制了很多年的中国人就相对弱一些，不过随着外来文化的浸润，年轻一代的表达更直接了。

中外在表达爱意上的差异，我们从一些国内外的文学作品中也可略见端倪。比如，大诗人徐志摩在《偶然》这首诗中，用了“我是天空里的一片云，偶尔投影在你的波心”这样含蓄的方式来表达对爱人的眷念；而英国诗人勃朗宁夫人在表达对爱人的爱意时，则用了“我爱你，尽我的心灵所能及”“我纯洁地爱着你，满怀热情”等更加大胆直接的语言。总之，在表达亲密关系时，我们自然会受到民族性格的影响。

好好的辩论，为何总是变成人身攻击？

我们是不是经常遇到这样的情况：通常在讨论或者辩论一个问题时，理性的讨论中总是夹杂着大量与讨论本身无关的攻击言论，甚至是彻底脱离讨论本身的人身攻击。为什么辩论总是落俗套地变成狗血的人身攻击？不妨缩小范围，就拿我们国家来说好了。

什么？都是汉语的错？

对这个问题的经典解答之一，就是那些貌似深刻但其实无用的解答，如国民性以及国民性的变种——国民素质论的说法。这类解答是这样说的：为什么搞人身攻击？因为性本恶劣，素质差！事实上，这种解答几乎就是对现象的描述概括而已，而且是不可验证的定性判断，没有提供任何新的逻辑分析和理解。

对这个问题的第二种解答是：中国人之所以不能好好辩论，是因为中国话——汉语这种语言太低劣。

启蒙时期的哲学家卢梭就曾经撰写长文，论证中国人之所以没有发展出成体系的科学和民主政治，是因为汉字——每个字都被因禁在固定的字形之中。一旦创立之后，使用这种语言的人就不能自己打开拆卸单个的汉字。在拉丁语世界中，把字根打开临时造新词的比比皆是，但自己拆解比划部首造汉字的，我们确实看不到几个。似乎只有武则天这样的皇帝，才有权给自己造了新字（曌）。因此，汉字是一种被规定死了的文字，使用汉字的民族也就是没有自由精神的民族。

其次，汉语的句型结构又没有明确的主谓宾和系动词的逻辑关系。比如在英语中，I 后面就得跟 am，you 后面必须接 are，不同主语对应不同的系动词和动词，这种讲求位置秩序的语言结构便增强了使用语言时的逻辑性。因为汉语没有清晰的结构可供分析，所以在对话中也就很难对对方的语句进行逻辑分析。这是西方很多自觉智商爆表的哲学家对中国人的看法。从黑格尔到海德格尔都认为中国不存在哲学，因为汉语没有逻辑性。

这个略伤民族自尊心的解答听起来有一定道理，但是在历史场景中却顷刻便遭到证伪。同样是使用拼音书写的文字，古埃及、古波斯都没有发展出自由秩序，也是集权体制。而日本明治维新时的那些论著，大都是使用汉字书写出版的。这些论著引起了广泛讨论，将日本带入现代世界。德语培育了康德这样严谨的古典哲学家，但希特勒写《我的奋斗》使用的同样是德语，这时候语言的严谨和逻辑性怎么样就不起作用了？

和什么样的人完全无法辩论？两岁以下的人群

对这个问题的第三种解答是：辩论对象存在理解障碍，其停滞在两岁左右，无抽象人格的童稚心理结构时期。

儿童两岁左右学说话时大概会经历一个特别阶段，这个阶段里他们很难分清你与我。比如你送了他一个蛋糕，告诉他，“你得谢谢我啊”。他给的回答往往不是“谢谢你”，而只会一个劲地说：“谢谢我，谢谢我”。他不能把“我”这个抽象名词与他自己那个具体的“我”分离开。

人格这个词的英语是 personality，其词根 persona 是古希腊语中面具的意思。因此，当你用一种具有人格的声音来说话时，便意味着你在一个面具后面发声。这个面具并非中国人常说的面具人格，遮掩自己真实想法的面具，而是相比自己肉身更为抽象的人类身份。在这种身份中，你说话的逻辑不单是你自己需要什么，而是作为人类当如何，这个问题本身在逻辑上当如何？就是撇除掉个人在这个对话中的利益和好恶来就事论事。

到这里，我们基本能看出一点端倪了。那些讨论问题动不动就偏离话题，转而对对手泼脏水的，除去有明确利益和目的的，习惯性这样人身攻击还觉得真理在我的，基本属于心理结构停滞在 2～3 岁的童稚时期的人。他们无法将对话对手和对话话题分离开来，任何话题都成了牵连具体肉身和利益的现实，而不是一个应当如何的、脱离具体个人的客观话题。

如此众多的人为何其心智始终停留在两岁左右的阶段，这个问题要回答起来似乎不太容易。

当然，我们可以先看看孩子是如何从不分你我中长大的。孩子从固定在自己身上的“我”进展到懂得抽象的代词“我”，其实很多时候是在与人尤其是父母的互动中完成的。比如他分不清你我，自己要吃，也会说你吃你吃，这时候，如果作为母亲的你直接把他的蛋糕吃了，慢慢他就会明白，那个你并不是母亲每次说的时候指的他自己，也可以用来代称母亲。这个时候，一定意义上的更为抽象的人类身份和人格开始在他心中形成了。

所以，和一个抽象人格没有形成的儿童辩论问题，几乎是不可能的。没有抽象人格，任何话题只能直接指向具体的人和物，不能把对方的话理解为一种脱离对方身体的客观表述。任何话题都只能黏着在明确固定的物体和人身上。

而一个永远都没有明确规则让人看到你我他明确关系，无法从现实世界中剥离出应当如何的抽象规则的社会，其中相当数量的个人心智停留在 2～3 岁的无抽象人格状态，也就不足为奇了。没有应当如何的抽象规则，只有具体到牵连肉身的现实利益，讨论问题时直接攻击对方人身，成了直通其兴奋中枢的 G 点。

当然，上述各种理论，都不能完全解释人们的这种行为。现实世界复杂得多，警惕自己不要变成自己讨厌的那种人就对了。

说谎是一项高智商行为吗？

马基雅维利曾以“人类是不会实践诺言的低劣生物”这句话劝诫统治者必须学会“如何成为伟大的说谎家，如何具备欺骗的手段”。难道社会主义核心价值观倡导的“诚实”品质成了“木讷”的代名词？谎言不仅不是一种不值得提倡的陋习，反而披上美丽的外衣，成了一种武器？

祖先“智人”是生态链说谎冠军

伯恩和怀特恩在《权谋政治家的智商》一书中说：“我们的智力开始于社会操控、欺诈以及狡猾的合作。”这么说无形中伤害了我们人类族群的尊严。不过，要说谎言的本质是趋利避害，倒也让我们“骗”得舒服。毕竟，对一个生命来说，活下去就是第一位的“利”，死亡则是第一位的“害”。

早期原始人一直是一种弱小、边缘的生物，维生的主要手段是采集野果、挖找昆虫，偶然看见一只肥美的长颈鹿，也必须学会藏身术，躲在角落里等更强大的食肉动物吃剩后才能露面。狮子吃饱了等着鬣鼠，因为它们也在不知名的地方等着，直到最后只剩零星肉末，祖先们才敢蹑手蹑脚去看看剩下什么。没有一定的伪装术，分秒之间就会成为狮子、鬣鼠、狼的食物。

相较于低级的欺骗术，语言的出现真正代表着原始人说谎能力的质的飞跃。虽然别的物种也有自己的语言，不过“只有智人能够表达关于从来没有看过、碰过、耳闻过的事物，相信一些不太可能的事情”。

如果你跟猴子说，它只要现在把香蕉给你，死后就能到天堂，有吃不完的香蕉，猴子还是不会放手的，但我们的祖先不仅能抽象化这些语言，还会相信这些虚构的故事，这就为谎言提供了机会。

上天并不会因为物种的本性诚实就对它加以庇佑，所以物种就会将欺骗当作存活下去的必要手段。在一个说谎者的世界中，越懂得预计自己的行为对别人的影响、别人的行为对自己的影响，你存活的机会才能越大。

没点儿智商，还是不要轻易尝试伤神的谎言

“你可以在同一时间欺骗所有人，也可以在所有时间欺骗一个人，但是你不可能在所有时间欺骗所有人”，这句规劝人们不要撒谎的俗语想必大家都烂熟于心了，不过，从另一个侧面我们也能看出，成功说谎确实不是一件低难度的事情。

科学家早就用脑功能成像技术向我们展示了说真话和谎话时人类大脑活动区域的不同。说真话时会触动包括额叶、颞叶中的 4 个脑区，

而说谎话时则会触动包括额叶、颞叶和边缘系统的 7 个脑区。同时，人们在说谎时为了不露出马脚，还要时刻关注自己的话，随时对它进行分析、判断，看有没有什么破绽，所以负责理性思考的额叶和语言记忆相关脑区所在的颞叶在说谎时就要多受累一些。

研究者还发现，物种说谎的频率直接与其大脑新皮层的大小成正比，越精于说谎的动物脑容量越大。像夜猴和狐猴的新皮层相对较小，它们的行为就比较“光明磊落”；而像大猩猩这种擅长欺骗的动物，它们的新皮层就很大。

很多儿童不说谎是因为他们的前额叶尚未成熟，说谎能力不足；9 岁就能成为掩盖真相高手的孩子，撒谎伎俩在大人面前很多时候还是无处遁形，失败的原因主要是更为高级的执行控制能力还没发育好。

如此看来，善于说谎需要更高的智商的确是有科学依据的，可以说，“我们的智慧因欺骗而得益”，物种越善于耍弄把戏或发现别人的把戏，随时间推移就越能演化出更好的记忆力、预先思考的能力。

谎言，并不总是邪恶的化身

说谎的要求这么高，听起来好像真的是只有高智商的人才能玩转的技术活。可是在美剧《lie to me》里，一个普通人在谈话的时候，平均每 10 分钟要说 3 个谎话。生活里，夫妻之间每交流 10 次就有 1 次说谎；恋人之间每交流 3 次就有 1 次说谎。

事实上，中国人的平均智商在 105 左右，90～110 这个区间的人数最多，这也就是说，人与人在生活中的较量还没到拼智商的地步，人们识别谎言、编制谎言的能力更多的是依靠时间洗礼后对生活的理解，类似女人的“第六感”。

王尔德就说过：“因为真实生活单调乏味得让人难以忍受，说谎就是我们的逃生途径”。我们确实厌恶谎言，不喜欢伤害我们的谎言，喜欢说实话的人，不过还是更喜欢会说话的人吧。

有些人说谎是为了得到赞美，有些人说谎是为了避免自己或他人受到身体或情绪的伤害。有人就统计，只身在外地的人对父母说的最多的谎言估计就是“没事儿，我很好”，以免去远在他乡父母的惦念。

学点儿高招好防身

有善意的谎言自然就有恶意的谎言，虽然现代测谎技术非常发达，比如眼球追踪仪、红外线脑部扫描、磁共振成像技术，但是谁会喜欢时刻带着重达几百斤的脑电图仪？生活里测谎者更多的还是要依赖人性的工具。

研究表明，受过识慌训练的人能认识到 90% 的真相，普通人则只有 54% 的正确率。只要经过一定的训练，识别谎言并不是特别困难。

一般来说，人们在过度强调否认时，喜欢使用正式语言，陈述时语气过分平和、缓慢，所说的话也并不会暴露更多的细节。如果对方回家晚了，措辞只是“和朋友吃饭了”，而不是“我和朋友

××× 去 ××× 吃饭了，下班路还碰到 ×××”，你就要警惕了，当然也不排除“串供”的可能，不过要知道，警察最担心的还是碰到沉默的嫌犯。

针对严格按时间顺序陈述事实的对方，有经验的测谎者会在几小时询问中反复旁敲侧击，不停打断对方谈话，让对方用倒叙、插叙等方式再次陈述事实，因为说谎者在倒叙谎话时容易遗漏某个步骤或是说错一些细节。

弗洛伊德曾说：“话中有话，没有人能守住秘密，他的嘴闭上了，他的指尖却在说谎。”这就将说谎的情况延伸到了肢体语言上。

我们很多时候会事先想好说些什么，但很少事先想好做什么动作，比如我们说“是”，但会无意识地做摇头的动作表示“否”；在陌生的情景里，肢体语言更是会不自觉地出卖你。

和坐着的骗子交谈时，他们会努力显得沉着冷静，上半身一般会一动不动，而不是坐立不安；眼睛要么不由自主地避免与对方接触，或者左右环顾，或者快速眨眼；要么是注视被说谎对象，力图营造自己底气十足的气场。如果那个人是右撇子，回答问题时眼睛向左上方看，说明他正在进入大脑回忆中心，所叙述的基本是真实发生的事情，但如果是向右上方看，进入的则是大脑想象中心，就有编制谎言的可能性。

说了这么多，最后我们还是要提醒大家，“你能骗到的永远都是相信你的人”，一旦人际间的信任崩溃，再次建立就会很难了。因为，即使魔鬼聚在一起时也要依赖真相。

路上碰到陌生人，聊还是不聊？

诚然，当今复杂的社会环境下，很少有让我们毫无防备的人，不过陌生人都是“披着羊皮的大尾巴狼”这种说法也着实是有点夸张了。那么，我们和陌生人交谈的正确方式是什么？为什么有些人就是那么不招人待见？完全与陌生人隔绝真的好吗？

和陌生人说话，并没有想象得可怕

在芝加哥展开的一项研究中，研究者找了三组人进行实验，一组人被要求与旁边的陌生人交流，另一组人被要求单独静坐，剩下的一组则按他们平常的习惯行动。

调查结果显示，那些与陌生人交谈的人最快乐，一直沉默不语的人最不快乐。至于第三组人，研究者让他们预测自己在上两种情况下的感受，他们认为和陌生人交流会最不舒服。

人是社会性的动物，在社会参与中更能体验到归属感，但现实是如今大多数人都会避免和陌生人交流。

例如，丹麦人宁可坐过站也不愿意对别人说“借光”，更多是用肢体语言暗示别人“喂喂，我要下车了”。2016 年调查的数据显示，中国人对陌生人的信任度仅为 5.6%。公交、地铁上的人要不就是“低头族”，要不就是“瞭望窗外族”。当然，公共文明是要讲的，但压低分贝的交流也不是不可接受。

前面那项调查的后续研究表明，人们不交流是错误地认为陌生人也不想和我们谈话。在中国，各种因素导致人们对陌生人多是低信任态度，如“熟人社会”文化、信仰缺失、法律不健全等。装在套子里的我们隔离着一切可能的危险，也错过着可能发生的美好。

有学者指出，人们对陌生人敞开心扉相比家人和朋友更容易些。这种交流包含快速的互动，可以释放个人情感，而且也不涉及任何后果。跟陌生人交谈，人们不会要求他们站在自己的角度思考问题，不会过多地希望他们理解自己。与陌生人聊完后，人们可以产生幸福感、创造力，自信心也会提升。

聊天还看脸？

“爱彼迎”[①] 创始人布莱恩・切斯基谈到自己的创业想法时提到，信任是分享经济的基础。假如人人还在坚持陌生人就代表危险的观念，是根本不可能把自己的家短租给别人的。

我们判断陌生人是不是可信的方法肯定是没有爱彼迎的技术手段那么完美，有的时候完全是靠直觉。有研究者就指出，面部吸引

① 爱彼迎，英文名 Airbnb，一家联系旅游人士和家有空房出租的房主的服务型网站。

力高的人其可信任度更高。但怎么叫面部吸引力高呢？这就看你怎么解读了，反正相由心生已经被科学认可了。不过这时候可别当颜控，有蛇蝎美人也有像伽西莫多一样善良的人。

一般来说，人们的年龄和居住地越接近，彼此之间越容易产生信任，换言之，我们更喜欢和自己相似的人。

除了双方的相似度、陌生人的特征，过去的经历也会直接影响我们选不选择和陌生人说话。“一朝被蛇咬，十年怕井绳”这句话道出了被欺骗人的辛酸。

和陌生人交往时，周围环境也决定着我们要不要和对方多聊两句。在埃及，无视陌生人是非常不礼貌的，陌生人向对方要水喝，对方可能会邀请陌生人到家里喝杯咖啡。

在一个有着内敛、含蓄文化底蕴的国度里，有时突兀的硬聊确实会让娇羞的姑娘们花容失色。那么，怎样才能让对方觉得你的搭讪只是友好地传递智慧之果呢？

如何成功搭讪陌生人？

实验表明，当人们拿着一杯热饮而不是冷饮时更可能信任陌生人，这时，物理温暖会激起人的社会温暖感。

人们在一个上升的自动扶梯上比在下降的自动扶梯上时更容易帮助别人，任何方式的上升感似乎都能使人们更和善。

不过在这之前，一个不可缺少的前提是，你们已经有了友好的眼神交流，对方给你的不是冷漠的白眼。

适宜的聊天场合、对方发出了不排斥沟通的信号、鼓起和对方交流的勇气后，你还需要找一个破冰的小锤子，也就是你们正在同时经历和观察的东西，专业术语就是“三角评估”——你、陌生人、你们的共同体验。

在美国，陌生人之间的聊天有“礼节性底线”，如女性的年龄、体重、对方的收入之类的问题。总之，不要和对方谈钱，也不要主动问别人的隐私。当然，对方主动去说就无所谓了。攀谈的时候多倾听、赞美别人，相信你们的交流会更加愉快。

诚然，防人之心不可无，我们在社会中行事的确要有防备心，不过，谨慎态度下的一颗开放包容的心也是必须的。毕竟，科学家都说了，那些认为自己的邻居是友好和值得信赖的人，心脏病发作的概率要小很多。

孤独不是病，是病有得治

微信群里大伙儿每天聊得热闹，有的人不安心地潜着水，偶尔出来回应一句，却目不转睛地等待着何时跳出下一行对话框，像是和自己打一场“谁是话题终结者”的赌；而往往大家都以为，这样的人两耳不闻群内事，一心只读圣贤书。

大老远看到了认识的人，有的人会瞬间放慢脚步，推测对方没有发现自己之后选择绕道而行，心里却忐忑嘀咕：“嗯，应该……确实肯定没有看到我……吧？”也怕因此就得罪了这个并未得罪过自己的人。

还有一种表现更极端的人，连去理发店剪发或排队买票都会有压迫感，更不要提在公共场合做引起别人注意的事情，比如自我介绍。他无法与人对视，不是疏于礼貌，而是对方一个不经意的眼神就能导致其严重的焦虑、惶恐，甚至出现发颤、出汗、心跳加速等状况。

这类喜欢在孤岛上独自望海的群体，因恐惧而回避交流，与社会相对隔绝，没错，就是得了传说中的“社交恐惧症”。

“你确定是社交恐惧症而不是性格腼腆吗？”问得好，这确实戳中了很多人摇摆不定的疑虑。在美国，研究人员为评估性格和社交恐惧症的关系，调查并访谈了10 000多名年龄在13至18岁之间的青少年。47%的参与者提供了害羞或腼腆的自我报告，而这其中确实有但只有12%符合社交恐惧症的诊断标准。另外5%的参与者未发现自己性格腼腆，但很不幸，他们符合社交恐惧标准。

由此可见，腼腆或者说性格内向是与社交恐惧有交叉关联的，而且还有相似的焦虑反应（比如脸红、心跳加速等），但它们并不是一回事！

那么究竟什么是社交恐惧症？

社交恐惧症，又名社交焦虑症，是恐怖症中最常见的一种，约占恐怖症患者的一半左右。恐怖症是指接触到特定事物或处境时产生的强烈恐惧情绪，患者采用回避行为，并有焦虑症状。社交恐惧症以过分和不合理地惧怕外界某种客观事物或情境为主要表现。

性格内向与社交恐惧症间的区别

性格内向

1. 不喜欢热闹场合
2. 主动选择远离人群
3. 焦虑反应过一会儿就好
4. 习以为常，对生活没太大影响

社交恐惧症

1. 内心渴望社交
2. 被动选择远离人群
3. 焦虑反应持续性长且剧烈
4. 强烈不安，严重影响社交工作生活

有一种分不清社恐症和自闭症的感觉？其实，自闭症和社交恐惧症都有人际交往上的困难，不过自闭症多是由于大脑智力发育迟滞而出现病症，就像《雨人》中的雷蒙，伴有明显言语障碍。而社恐症患者已经发展出人际交往能力，只是因某些原因不想或不经常参与表达。而且他们一旦恐慌发作，能察觉到自己经历的是不理性的恐惧，可明知这种恐惧反应是过分或不合理的，仍难以控制。

“社交”问题怎么产生的？这可能要回过头来看看这个人小时候的家庭环境。举个例子，童年时期我们都会被家长要求“跟爷爷问好”“和阿姨说再见”，即使孩子对这些之前素未谋面的长辈完全陌生，为了使他们迅速表现出得体的教养，有些家长并没有给孩子“准备接纳”的心理缓冲时间。

这时，如果孩子不愿说话、表现不佳，家长又特别“好面儿”，孩子就有可能受到批评甚至是当场责骂。家长对孩子的过度指责容易使孩子降低自我评价，开始对见人没主动打招呼产生羞耻感，因感到不被喜欢从而逐步畏惧，害怕见到认识的人，更不敢与人对视。

一部分社交恐惧症患者就像这样，从小埋下了阴影，忘不了那次受到指责时对方的眼神和语气，形成了认为自己不够好→害怕别人不喜欢自己→紧张地控制自己→精力集中于控制→无法专注做好事情本身→适应力下降→得出自己确实不好的结论。

社交恐惧症可并不只对胆小平庸的人情有独钟，那些从小被夸赞的“别人家的孩子”、出类拔萃的岗位精英也可能不幸中招。毕竟，日积月累的优秀成绩会推动形成完美主义的倾向，同时他们也享受着鼓励与肯定。由于特别注重他人对自己的看法，这类人社交时会产生“我必须做好”“我必须要被欣赏”的想法，一旦不够完美，就会对负面评价异常敏感，导致焦虑害怕。

实际上，这种群体真正害怕的不是别人，而是自己。他们把对社交情景的注意力转移到自我感受和想象上，高度集中于对自我的盲目要求，如果一旦没得到关注或肯定，宁可回避社交。比如说，他们在微信群里避免发表意见，并不是因为怕说错，而是怕被人评论。以往的发言没得到关注，所以不发言是“安全”的，这样，似乎恐惧没有发生。可是，对不起，这只是悖论。

还有一种恐惧，大家也许更有共鸣，它来源于对环境认知后的孤独感。物欲横流的时代节奏太快，要经历事态斗转后的云淡风清，还免不了见识拜高踩低、阿谀奉承，以及那些暗潮汹涌的波澜不惊。如齐克果所谈的《恐惧与战栗》：“类似这种当神做了不像神的事情时，使人对于生命本质产生恐惧。”

此时社交恐惧中选择孤独算一种自我保护。蒋勋在《孤独六讲》中提到：“有很长一段时间，每天早上起来翻开报纸，在所有事件的背后，隐约感觉到孤独的声音。不明白为何会在这些热闹滚滚的新闻背后，感觉到孤独的心事，这个匆忙的城市里长期被忽略、被遗忘的孤独。”

当然，格格不入是困惑，独来独往是性格。不乏有人擅长光彩熠熠却不屑于迎合，独处却没有恐惧，而是自得其乐。不过，如果你是受社交焦虑困扰的前者，该如何逃脱缰绳呢？

停止对自己的挑剔

想一想，你是不是对自己的要求太高？众所周知，“物有所不足 ，智有所不明”。科幻电影《分歧者》里把社会分成“友好”“博学”“诚实”“无畏”“无私”五大派系分别培养，还出现了性情多面的分歧者，他们处事风格各自鲜明，谁都没那么完美，也并不一无是处。

所以在社会生活中，在明确长处与短板的前提下，别跟自己较劲，停止对自己的挑剔和苛求，正视并允许自己不够完美，甚至心想“就算讨人嫌又怎么样”，这是根治社交恐惧的良方。

寻求专业心理疗法

在社交恐惧症的治疗进程中，早期多是采用药物治疗，随着心理治疗技术发展，现在一般采取心理治疗为主、适当药物为辅的方法。具体来说有以下几种：

系统脱敏法，主要是让患者缓慢地暴露于导致焦虑、恐惧的刺激中，并通过心理的放松状态来对抗这种焦虑情绪，从而达到消除恐惧的目的。

暴露疗法与系统脱敏疗法正好相反，一开始就让患者进入其最恐惧的情境中。在反复的刺激下，患者开始焦虑紧张，出现呼吸困难、四肢发冷等反应，随后，最担心的可怕灾难并没有发生，焦虑反应也就会相应消退。不过这种疗法要因人而异，简单来说，它更适用于身体状况好、承受力强的患者。

森田疗法，又叫禅疗法。创始人森田正马认为，患者大多有种疑病心理，追求舒适，常对自己的健康状态过分担心，从而出现焦虑和紧张的情绪。所以，我们要接受社交中的胆怯不安，这是既定事实，不再把其当作身心异物加以排斥。

没有社交恐惧症的你，能为他们做些什么？

别以为是老生常谈，“信任”的确能打开社交恐惧症患者的心门。不过信任可不是一次强有力的握手就能建立起来的，尤其对于社交恐惧症患者，要想消除他们与群体的隔阂，还有很多事情值得做。你不妨试试：

> 收集他的兴趣点，见面时让他感觉遇到了志同道合的“自己人”；
>
> 在公开场合帮助他缓解尴尬；
>
> 在他感到“安全”时，给予适当的、真诚的关怀。

一旦信任建立起来，你会发现，他们并非不喜欢说话。当感受到了善意或谈到感兴趣的话题时，他们也不是没可能口若悬河。美国电影《被摧残的心灵》中，孤傲冷漠的小主人公布莱恩在家庭教师玛丽的引导下，终于第一次在晚餐上礼貌而愉快地说出了：“母亲父亲，晚上好”。那一晚，所有人都沉浸在会心的欢笑中。

为什么你忍不住发朋友圈？

也许现在朋友圈是你闲着没事打开手机的最重要理由吧。相信你一定有在朋友圈围观、被围观或者转发分享文章的经历。但是，请认真想想，当你点击“分享”按钮时，是什么让你想要转发这篇文章、视频或图片？

只是因为好看吗？答案似乎没这么简单。

分享文章和获得金钱、美食一样开心

其实，分享信息本身就能让人愉悦。哈佛大学神经学家简森·米歇尔和戴安娜·塔米尔用实验证明了这一点。两人给被试者装上脑扫描仪器，随后向他们发问：“是不是愿意分享自己对喜欢的滑雪板或者喜欢的小狗的态度”。结果，那些“有话要说”的被试者在滔滔不绝地自由表达和分享信息时，脑电波和获得金钱与美食时的一模一样。甚至有人为了“说”个痛快，放弃到手的金钱收入。

两位科学家在上述实验基础上，将被试者分成两组，每组成员都可以自由选择——是闲待一会儿，还是告诉别人自己喜欢吃什么三明治。不同的是奖励方式。在第一组成员中，选择什么都不做获得奖励多一些，第二组则刚好相反。

然而结果却出奇一致。无论哪一组被试者，都是选择分享观点的人多。人们分享观点、自由表达的欲望并不能被金钱“收买”，即便闲着可以拿到更多的钱，人们也更倾向把话说出来。

什么文章容易被转发？

虽然人人爱分享，但人们每天接受海量信息，总不可能见一篇转一篇。那么，人们究竟喜爱转发什么样的信息呢？除了话题有趣、文章好看，就没别的因素了？

沃顿商学院的营销教授乔纳·伯杰和助手凯瑟琳·米克曼一起就“内容分享”问题进行了实证研究。两人搜罗了6个月间出现在《纽约时报》上的近7 000篇文章，结果发现，“转发文章”真的有迹可循——积极的文章和令人担忧、生气的文章更容易被转发。

在《纽约时报》上，像“纽约城坠入爱河的新人们”这样积极的新闻就比像“明星动物管理员之死”这种消极的新闻更受欢迎，也更多地占据了流行新闻排行榜的前列位置。

还有让人生气和担忧的话题，也能引起公众的注意。你一定见过“不转倒霉三年”之类的文章。

其实，这说明你正处在“唤醒”状态。人们处在唤醒状态时，自律神经会被激活，更能促进传播行为。简单来说，正是唤醒决定了一条信息是否会被传播。

除了生气与担忧具备较高的唤醒性，能有唤醒效果的情绪也有积极向上的，比如敬畏、幽默等。

炫富可以理解，那自黑呢?

当然，也有些文章并不是靠“唤醒”获得高转发量的。这些文章通常看上去很高大上，人们转发是为了获得类似于“哇，你懂得好多”的赞美。

在伯杰看来，这是人们在努力获得网络环境中的社交货币。社交货币就像现实生活中买商品或服务的钱，能帮助人们获得家人、朋友和同事的更多好评和积极印象。

出乎人们意料的信息就很容易“赚”得社交货币。假如你发现了什么违背常理的新事物，你是保守这个秘密，还是会告诉朋友呢？比如“每个人一生平均会花两周的时间站在交通灯前”“你知道微笑时皱眉能够消耗卡路里吗”，你是不是也觉得有趣，希望转发给朋友，告诉他们自己是冷知识大王呢！

人们都喜欢被赞美，所以，秀智商、秀阅历甚至秀颜值、秀财富、秀贴心都是可以理解的。可为什么有人偏偏不做英雄也不做美人，专门自揭老底，在朋友面前分享糗事？误航班、坐错车、出门忘带钱包钥匙，低头认㞞装“小白”？

千万别被骗，这种自黑行为说到底也是为了赢得社交货币。自我贬低说到底还是为自己服务——获得更多的同情、安慰甚至是赞美。

心理学家戴维·迈尔斯在《社会心理学》中给出了明确解释。如果一个人的人缘并不是太差，当他自嘲“我很笨”时，没有人会真的回复“是的，没错”吧，大多数人还是会安慰说，“你很好，你很棒，你很聪明的”。

为什么一小撮人不能服从多数？

让我们设想这样一个头脑实验：三年级二班的 50 个小朋友要决定明天的校运动会入场式穿什么颜色的 T 恤，其中 40 个人支持穿红色，10 个人支持穿蓝色，于是全班同学举手投票，少数服从多数，决定明天所有同学都要穿红 T 恤。

一切都是那么顺理成章。

现在，我们把这个实验的设定稍微改一下：三年级二班的 50 个小朋友在开运动会，其中 40 个人穿了红色的 T 恤，另 10 个人穿了蓝色，于是全班同学举手投票，以 40 比 10 的票数，决定取消那 10 个穿蓝色 T 恤的同学参加运动会的资格。

气氛似乎有点变了。

但是三年级二班的小朋友们并不满足，他们又通过集体投票，以 40 票赞成、10 票反对的结果，决定将穿蓝衣裳的同学驱逐出他们的班级。

打住！不要再说下去了！

所以少数服从多数，到底是哪里出了问题?

直觉易懂，道理难说

凭感觉来说，有一些事，少数服从多数是合理的，但是放在另一些事上就令人难以接受了。聚餐去哪家饭店、选谁当代表、宿舍要不要安空调乃至于小区是否更换物业公司，这些问题由投票决定，似乎是理所应当的“公理”。不论赢的还是输的一方，都不会对“少数服从多数”这个原则产生质疑。

可是白人社会剥夺黑人的投票权，穆斯林国家乱石砸死同性恋，乃至于谁不听话就把谁清出班级、团体、社会，怎么听着觉得不对劲。

国会投票罢免总统和三年级二班的同学把穿蓝衣服的同学赶出班级，这些情感上令人感觉截然不同的正义与非正义，理论上到底有什么区别?

底线！万事皆有底线

简而言之，少数服从多数的底线，是不能侵犯少数人的个人自由。每个人有选择的自由，不管是职业、宗教、言论还是生活方式，而一个社会通过少数服从多数所做出的民主决定，即使只有一个人反对，也不能剥夺那个人选择的自由。

99% 的教徒不能强迫 1% 的人皈依宗教，99% 的邻居不能强迫另 1% 搬家，甚至都不能令他闭嘴。

可是，一个国家可以通过法律向所有公民强制征税，三年级二班的同学们可以决定运动会的整齐着装，又是什么道理？

因为个人自由同样有底线。中学老师告诉我们说：每个人行使自己个人自由的限度，在于不能妨碍他人的权益。可是当两个人或者个人和集体的权利相互重叠时，又该怎么办？

有一个理论或许可以帮我们的忙：我们每个人在加入一个团体、组织、社会时，都相当于同这个团体的其他成员共同签订了一份“契约”。这份契约要求个人放弃自己的一部分自由，来换取这个团体对自己其他自由和权益的保护。

我们遵守交通规则，放弃了在马路上横冲直撞的自由，但换取了通行的安全和交警的协助。我们执行商业契约，放弃了信口雌黄的自由，但换取了对等的承诺。

因为有这份“契约”，国家和政府获取了权力，来管理学校、商业和几乎所有社会活动，而相应地，国家对所有公民给予法律的保护，并且具有执行法律的能力。个人虽然放弃掉了自己的“绝对自由”，但是换取了和平、稳定和其他个人自由的保护，大大降低了被杀、被骗、被吃、被抢的风险，总体上获得了更好的人生，所以心甘情愿地加入“契约”。

托马斯·霍布斯说：

“（在无政府的完全自然的状态下）因为收获和财富没有保

障，将没有人投资，没有人耕种，没有人建设任何东西；人们心中只有对于突然而残忍的死亡的恐惧，生命将无比孤独、贫穷、残酷又短暂。”

一份“契约”可以保护少数派的个人自由和尊严，可是另一个问题又来了：这份“契约”又是谁定的呢？是不是一个社会中，少数服从多数定下来的？

论契约的制定

举一个体育比赛的例子：篮球、足球或者任何一项竞技运动，比赛规则由谁来定？这些制定者可能是国际协会、奥组委，也可能是某个国家单位或者大财团，但唯独不能是参赛的运动员和教练。制定规则的人不能参与比赛本身，才能制定出最为公正公平的比赛规则，这是常识。

很遗憾地，在我们社会规则的制定中，没有这样一群高高在上、只定规则不参与游戏的人。在民主生活的每时每刻里，每个人都是运动员、裁判员，同时还是规则制定者。

那这规则还怎么定？难道要靠多数人的善良来保护少数人的自由？

历史上，不乏有一群聪明绝顶、忧国忧民的“圣主明君”，他们深谋远略却又毫不自私，在制定规则时秉持着公正和公义，甚至用宪法制约了自己（当权者们）的权力。

可是，要让每一个时代里每一个社会的公正太平都仰仗圣主明君，实在很不靠谱。那么，通过民主方式来制定游戏总规则，到底有没有可能呢？

答案是有的。但是有一个前提：这个总规则的制定，要和所有的具体决定分开。也就是说，总规则只决定做决定的规则，不对具体事务做具体的决定。先制定了总规则，其余的具体决定，都要受制于率先定好的总规则。

这样一来，所有的民众在制定总规则时，就有了保护少数派基本权利的理由：因为他们不知道自己将是多数派还是少数派。

而且很有可能，每个人都会在某些事情上站在多数派一边，在另外一些时候站在少数派一边。当每个人都感到自己有可能在某天成为少数派的时候，被压迫、被不公正对待的恐惧就会迫使他们将“保护少数派”写进契约。

譬如宪法中不会具体说什么罪要判什么刑，但是规定所有人都要被同一套刑法体系束缚。又譬如宪法中不会决定谁当总统谁是大法官，但是约束了这些官职的职能和权力。再譬如宪法中还会规定，个人的生命、财产和自由不受侵犯，除非经过正当的法律程序。

这些看似笼统无用的规则，正是因为笼统、因为含糊，反而能在一代一代的社会发展中屹立不倒。其实这种贯穿年代的“长期民主”，相对于屡屡发生民粹倾向、暴力倾向的“短期民主”，才是现代共和国制度最宝贵的财富。而反观许多新生的民主国家，虽然一开始兴致勃勃地学习民主制度，但总是一不小心就走上大军阀专政的道路，随之国家动荡、草菅人命，究其核心，便是只学到了少数服从多数，却没学到把“总规则”（宪法）的制定和一般事务决定分开来。

总规则的制定，需要参与的民众蒙上一层“无知的面纱”。因为不知道自己是多数还是少数，受欢迎还是不受欢迎，幸运还是倒霉，反而会做出最理智、最公正并且经得起时代变迁的决定。

这层“无知的面纱”分隔了民众的“规则制定者”身份和“运动员”身份，用同一批人，把制定规则和决定具体事务分离成了两个相互独立的过程，于是才得以避免多数人的暴政。

为了国家崛起，你应该生几个孩子？

古代政府为何要管生孩子的事？

先秦时期，在户籍制度不是那么严格并且社会局面相对和平的时代，对于结婚年龄官方只是出台一个指导意见，主要是基于优生优育的考虑。夫妻双方都发育好了才容易顺利生出健康的孩子，而且，如果做父母的人自己都还是孩子，也很难成为合格的父母。

《春秋·穀梁传》就记载：“男子二十而冠，冠而列丈夫，三十而娶；女子十五而许嫁，二十而嫁。”这里只是规定了结婚年龄的下限：男子 20 岁弱冠，女性 15 岁及笄，就可以算大人了，可以嫁娶结婚。但是男人到 30 岁再娶妻，女人 20 岁再嫁出去，似乎也没什么不对。

可是这样的好日子很快就结束了。

汉代承袭秦代的“编户齐民”，完善了户口登记制度。皇帝发现，“人口等于税收”啊！于是开始对嫁得晚的女孩家庭征收单身税：女孩到年龄不嫁，家里的税负按正常的五倍算：“以十五为始嫁之年，失时不嫁，则以五算罚之”。

汉末大战频繁，到了晋代，皇帝们面临劳动力不足的问题，于是规定：女孩子到十七岁还没出嫁的话，就让地方官随便分配给单身汉。《晋书·武帝纪》说：“女年十七父母不嫁者，使长吏配之。”

到了南北朝时期，皇帝们不仅需要劳动力，更需要扩充兵员，于是疯狂地要求百姓加快繁殖速度。此前的朝代里女孩子们是 15 岁开始陆续嫁人，南北朝是 15 岁以前必须嫁出去，否则家人要坐牢。《宋书·周朗传》中说：“女子十五不嫁，家人坐之。”

而北齐皇帝高纬下令：百姓子女二十岁以下，十四岁以上仍未婚配的，全部由官府分配结婚对象，家长如隐匿，则处以极刑！同样，唐朝安史之乱以后，男子十五岁，女子十三岁就要结婚。

但是，在以农业生产为主的社会里，当人口数量已经接近或超出土地能够供养的极限时，更多的人口并不能给统治者带来更大的收益，反而会带来很多麻烦。所以人口规模自北宋第一次突破一亿后，后来的统治者就没太纠结老百姓什么时候结婚的事了。

与此类似的是中世纪的欧洲，在很长时间里都是人多地少，于是官方提倡禁欲和独身；后来又把没法继承爵位的私生子、破落的骑士、无地的农民全都打发到东方去打仗，抢钱、抢地、抢商路，一定程度上解决了人口过剩和资源不足的问题。

15 世纪欧洲人发现了新大陆，又可以把多余的人口派出去殖民或抢劫，所以就懒得管大家多生少生、早生迟生的问题了。

近代以来为何也要管生孩子的事？

工业革命以后，新兴的第二产业需要大量的廉价劳动力，而农村的剩余人口正好可以变成产业工人。政府从工业中获得诸多好处，自然要保障廉价劳动力的供应。

直到现在，虔信 19 世纪经济学的保守政党非常执着地反对堕胎，甚至反对避孕，从经济学上解释就是，他们要确保穷人，也就是廉价劳动力的供应。一个没有做好准备的母亲和她的孩子，最容易成为穷人中的一员。

人跟动物的本质差别并不在生物学上，至少不全在此，而在于人的自由意志和社会属性。认为孩子出生、脱离母体之后才开始算是一个人，不管是伦理上还是法律上，本来就没有什么大问题，至少也符合中国传统。

一定要纠结说生物学上一颗受精卵就已经是一条生命，替他想象一番美好的未来和子子孙孙的繁衍，不过是一种虚妄。何况，任何生命的存活都是以其他生命为代价的，所有的生命都会死，真正的慈悲应该是减少不必要的痛苦，以及尊重他人的自由意志。

由此，在堕胎这件事上人们的态度就分成了两类：一是 Pro-life，即“反对堕胎”；另一则 Pro-choice，即认为怀孕的女性有权选择是否生下孩子。所谓的 Pro-life，是否真正出于尊重生命无法可知，Pro-GDP 的色彩就明显多了。

思想仍然停留在 19 世纪的保守政党反对安乐死大约也是出于同样的动机：把濒死病人的痛苦，转化为 GDP 的助燃剂。

专制国家的生育管理

在专制主义国家，政府控制民众生育的企图甚至不需要掩饰。

比如在内战之前西班牙共和国政权是允许离婚的。而内战之后的西班牙法西斯政权，宣称要保护罗马天主教的家庭教条，当即取消了人们的离婚权。

意大利法西斯时期，墨索里尼要求 25 ~ 35 岁的单身男子（除牧师、僧侣、士兵以及严重残疾者之外）缴纳“单身税”。

1966 年，罗马尼亚的齐奥塞斯库宣布：“不生育孩子的人就是背叛国家的人。”要求每对夫妻至少要生四个孩子，不孕的女性要额外交税。他还派驻公务人员到基层按月盘查女性，禁止离婚、禁止避孕、禁止堕胎。

在他的努力下，罗马尼亚新生儿出生率大幅升高，同时大幅升高的还有怀孕女性和新生儿的死亡率。在国际舆论的压力下，他决定，婴儿出生一个月以后再发出生证。如果婴儿未满月就死去，“大家就当无事发生过”，这样一来死亡率自然就“降”下来了。

俄罗斯自 1987 年起对不生孩子的夫妇征收“无子女税”，税率高达月收入的 6%，这些钱被用来补贴产妇和多子女家庭。

2015 年初，韩国也推出“年终结算改革方案”，据相关机构测算，税制改革之后，年收入两千多万到三千多万韩元（1 000 韩元约合 5.7 人民币）的未婚职场人要多缴纳 20 万韩元左右的税金。

如何控制群众的大脑？

控制大脑有很多种方式，不过，其实作为群众的一员，你的大脑无时不刻不在被觊觎，被控制，甚至有一个专门的学问和行业在研究怎样控制群众的思想。

它就是公共关系部门，简称公关部门。当 20 世纪 90 年代中国人还觉得“公关小姐”是个特别暧昧的词时，“公关”就已经改变了世界。当然，它也可以叫“宣传”，一个大家可能更习惯和熟悉的词。

今天，我们就来讲讲现代公关行业的鼻祖爱德华·伯内斯的传奇故事。

人是理性的动物吗？

公关这门职业和它的名字听起来一样，很现代，历史也就百年左右。一个叫爱德华·伯内斯的人开创了这一行业。

这个人是学农业出身，听起来和他后来从事的“公共关系顾问”的工作完全不搭。此人有一个舅舅叫西格蒙德·弗洛伊德，就是心理学领域人人都知道的那个弗洛伊德。具体来说，弗洛伊德的姐姐是伯内斯的妈妈，弗洛伊德夫人的哥哥是伯内斯的爸爸。

和心理学大师有着剪不断、理还乱的亲密关系，伯内斯本人也耳濡目染，对人类心理有自己独到的见解。他吸收了弗洛伊德关于群体心理学的研究，认为人在做决定时很容易受到周围群体的刺激，产生不理性的行为。

不过在他那个年代，也就是 20 世纪初，这些心理学理论还没有为商业所用。那时候商家们打广告的方式非常直接，简单解释一下产品是什么干什么。

这种广告语背后的逻辑是，相信人们是用理性思考的，你的解释必须直接地让人感觉到这个东西是他们最好的选择，才能激发人们购买此物的欲望。那个时候，消费者的思考能力是被充分尊重的。

当时人们的购物习惯在今天看来确实特别理性：东西要用到它寿终正寝了才换新的，只要手机（假设那时存在）还能正常运作，无论苹果一年推出了几个新款，都不可能有人会想到要去换新的。

但在制造业不断发达的 20 世纪，这种消费习惯对于厂家来说可不是什么好事儿。他们需要一种新方法让人们去买并不十分需要的东西。

这时伯内斯相信的理念，即人其实并不理性、人的心理可以被操纵的理念派上了用场。事实上，他是第一个把问卷调查、实验结果用于产品宣传，第一个引用专家观点推销商品的人，虽然这些方式现在已经司空见惯，甚至变成了“不靠谱”的代名词。

伯内斯于1913年开始了他作为一名公关的职业生涯，最初服务于戏院、音乐会等机构。虽然他深知自己做的就是宣传工作，但由于“宣传”这个词已经被第一次世界大战期间的德国人用到臭名昭著，伯内斯就用“公共关系”指代自己的工作。

女性开始抽烟，你以为是女权，其实是公关

人们不愿意去看和梅毒有关的戏剧，伯内斯就打破当时羞于谈论性病的社会禁忌，安排了一场和性有关的公共讨论；第一次世界大战后年轻女性流行剪bob头，不愿戴发网，伯内斯就请来前沿艺术家称赞戴发网的女性有多么美丽大方，并说服工厂给女工配备发网以绝安全后患……

这种新兴起的处理“公共关系”的方式在1929年获得了一次巨大成功。在当时美国有一个约定俗成的社会禁忌，即女性不可在公共场所吸烟，如果违反就是挑战社会底线，会被当成是下流无耻的人。美国烟草公司认为，他们已经卖了够多香烟给男人，希望能把市场扩展到女性群体中去，所以找了伯内斯来，让他想想怎么样可以把握住这剩下二分之一的庞大市场。

伯内斯首先联系了时尚杂志《Vogue》，托杂志找来一些初涉社交舞台的年轻女子，要那种漂亮而青涩，给人接地气感的女子。在1929年的复活节，这群年轻女子走上街头，一边走一边抽起了烟。

这个事件的影响力可以说是轰动性的，事前的充分包装和酝酿吸引来了本土和国际媒体争相报道，活动在报道中被频繁地提及为

“自由的火炬”。也就是在这个事件中，吸烟和女权画上了等号，此后任何反对女性抽烟的言论都会和反对女性平权扯上关系。

当然这其中有不少细节需要策划，以便让这个活动产生的效应保有威力。比如那个时候男人在女人抽烟这个问题上还是有很多看不惯的地方：女人撕开烟盒包装的姿势不够优雅、烟雾喷出太多像个蒸汽机、带有唇膏颜色的过滤嘴出现在烟灰缸实在有碍观瞻……伯内斯就找来一个护士，全国巡游，教女性如何正确吸烟。是啊，谁会怀疑一个护士教你的东西是对你有害的呢？

男人的问题解决了以后，再来解决女人自己的。当时美国烟草公司主打的“幸运牌”香烟是绿色包装的，这个颜色不太受女性青睐，因为很难和她们的衣服相搭配，老土。重印烟盒已经来不及并且成本太高，伯内斯说，那我把绿色变成时尚的颜色不就行了。

于是伯内斯筹办了一场大型的绿色舞会，出席者要穿绿色的礼服，并请来豪门家族的成员做主持，还向媒体鼓吹绿色是流行色，并让时装界关注绿色，结果很成功，商场橱窗都摆上了绿色的时装，绿色的“幸运牌”香烟畅销了。

培根走上美国人的早餐桌不过是近些年的事儿

培根是现在美式早餐中很常见的一个组成部分，但在 20 世纪初培根还主要在午餐和晚餐中食用。培根销量的下降让商家找到了伯内斯，让他帮忙出出主意把销量推上去。

做了一番调查之后，伯内斯发现美国人大多在早餐时吃得非常清淡，就一杯咖啡或者一个面包卷加橙汁。如何改变人们的现有习惯，让他们在早餐里加上培根？老套的宣传方式是不断重复对消费者的某种刺激，让他们改变习惯，比如轰炸式的全页广告加上优惠信息。

伯内斯去找了他的医师，询问到底是清淡早餐更好还是丰富早餐对人的健康更好，医师觉得丰富的早餐更有利于健康，因为人体能量会在夜间流失。随后伯内斯拜托医师找到 5 000 名医生，并让他们回答这个问题，结果很多医生都回复说一个更隆重的早餐对美国人的身体更好。于是伯内斯在全国的报纸上刊登了“4 500 位医生建议更丰盛的早餐”的消息，并另外发表文章表明，培根和鸡蛋应该是一顿早餐的核心。

培根的销量果然上去了，美国人也摈弃了只有咖啡和面包的清淡早餐，培根成为美式早餐的经典配套。

上面我们提到的所有这些事，都可以用今天的“炒作”一词概括，经过公关几十年、上百年的历练，广大人民群众已经修炼出了火眼金睛，没那么好骗。但伯内斯这位被多本杂志评为 20 世界 100 位最有影响力人物之一的公关，到晚年仍旧认为，人们是傀儡，无法做出理性决定，所以需要有人帮他们做决定，操纵他们的心理。

那么，他的舅舅如何看待伯内斯的工作呢？当伯内斯把自己写的第一本书《公众意见的结晶》寄给弗洛伊德的时候，弗洛伊德回了一封简短的信：“我收到书了，作为一本真正在美国出品的书

（他们的故乡都在奥地利），它使我很感兴趣。”

当弗洛伊德在维也纳遭遇财政危机，不得不向侄子求助时，伯内斯发挥自己的公关才能让舅舅的书在美国出版。虽然弗洛伊德获得了钱和名气，但他始终无法认可更进一步的公关，即便公关工作和心理学休戚相关：当伯内斯建议舅舅在著名杂志《时尚COSMO》撰写文章为自己提升人气时，弗洛伊德大惊失色，实在搞不懂为什么侄子会把自己跟时尚八卦杂志扯到一起。

即便是公关行业的开山鼻祖，伯内斯最终也没能成功“公关”自己的舅舅以一种“公关”姿态参与到美国当代流行文化中去。

CHAPTER 5

愤怒，
是因为幼稚吗？

重新认知社会文化

“瞅啥瞅”为什么会打起来？

说到瞪人，最有发言权的应该是东北人民了。如今，全国人民都爱用“瞅啥瞅，信不信我削你”这句东北话做一些善意的调侃。不过，因为眼神交流不和谐而产生的街头斗殴事件，并不仅发生在东北，而是人类的标配。

这里我们就来谈一谈眼神交流的艺术。

瞅着瞅着咋就打起来了呢？

没事儿被一个眼神里充满着不明意义的陌生人盯着，大部分人都不会觉得太舒服，只是说出来与忍着或者转身丢给他个背影的区别而已。

对于这一点，达尔文先生有话要说，他的进化论认为这和我们的祖先有密切的关联。时间回到原始社会，为了生存祖先们活得不容易，不仅要应对野兽的威胁，还要不时和其他人类上演“攻心计”。对同类的警觉有利于他们获得更多的信息，逃避威胁。这种反应本身有利于生存和社会交流。人类社会发展到今天，这种警惕仍然存在。

被盯到不爽的不仅仅是人类，对绝大多数动物而言也是一样。“瞪”这种行为在自然界中普遍存在，通常来说，两个动物彼此“瞪”上了，多半不是好事。“瞪”这种姿态是一种对抗性的行为，它意味着，要不就是马上要攻击了，要不就是给对方以威慑，开启自身防御模式。

当其他动物或人类发现周边有危险的时候，生存本能会指导其分泌大量的肾上腺素，瞳孔自然地放大，呈现出“瞪”的样子。瞳孔变大，周围的世界就变得清晰，个体便会对危险做出评价，采取相应的防范措施。

澳大利亚《时代报》曾报道过这样一个研究：动物园的猴子被长期围观时，就开始挠自己，同时会表现得更有攻击性。研究者认为，这多半是注视它们的眼神惹的祸。那些没有被长时间围观的猴子行为就正常多了，体内增加压力的物质会降低三分之一，出现攻击性行为的概率会减少 68%。

对人类来说，情况又有些许不同。动物与动物之间交流并不多，彼此之间井水不犯河水，不轻易对视，一旦互瞅起来，就意味着一场大战即将爆发。而有理智的人类就不会这样，我们需要眼神交流，并不是所有的互瞅到最后都会打起来，熟人之间温和的、亲切的注视是对人产生正能量的。

一个眼神里的信息爆炸

机智如人类，在眼神交流方面也只能遵循生理机制，一个不小心就存在引发一场血案的危险。

2009 年，美国两位摄影记者跟拍一个带着武器装备的抢劫嫌疑犯。本来拍得好好的，一不小心撞上了嫌疑犯的眼神，电光火石之间，这名嫌疑犯把主要矛盾对准了两位摄影师，不顾警察追逐，怒气冲冲地过来要照片，那架势分分钟要打起来。

另外一些喜欢对眼神进行深入解读的现象发生在体育世界里，粉丝、球员之间的纠葛也可能发生在眼波流转之间。球星 C 罗曾在视频中被截到给了同一俱乐部的队友加雷斯·贝尔一个失望的眼神，原因是后者在比赛中的传球表现不太尽如人意。于是加雷斯·贝尔的球迷们就“炸”了，以此为证据疯狂吐槽俱乐部和队友没有给贝尔足够的支持，甚至有些排挤他。

讲完八卦我们再来说说严肃的事儿。眼神交流本身承载的信息不仅是情感上的，甚至可以在医学方面提供一些诊断的线索。《自然》杂志在 2013 年刊登过一项研究，发现和同龄人相比，自闭症儿童的眼神交流更少，目前已经作为儿童发展障碍的诊断指标之一了。

眼神交流是门艺术，同时也是项技能，但并不是所有人都能熟练掌握这门技能。没事能互瞅到打起来的情况多半出现在新闻中，日常生活中大多数时候人们的常态是眼光闪烁的，不管是在地铁上还是餐馆等待上菜前，大多数人都是娇羞地低下头拿起手机在玩。我们在这里要说的并不是手机依赖症，而是一种社交障碍——对视恐怖症。

身患对视恐怖症的人不敢直视别人的眼睛，觉得那是一件恐怖的事情，同时他们也会莫名觉得自己的眼神会给别人造成困扰。对于这种疾病，日本的专家们比较有发言权，毕竟日本的各种恐怖症中，对视恐怖症的数量名列前茅。

别急着对号入座，不愿意跟人眼神交流的你也许真的只是内向害羞而已。

“互瞅”的正确打开方式

不少影视作品中，不合时宜的互瞅总是很容易引发双人或群体性斗殴，同时伴随着尖叫和哭喊。不过生活经验告诉我们，大多数眼神交流并不会轻易造成激烈冲突，反而会带来一些有趣或者浪漫的体验，下面我们就来看看一些互瞅的正确打开方式。

《科学》杂志做过一期这样的研究，让狗狗和人类相互凝视，结果发现这个过程可以产生一些正面的结果，形成催产素分泌的正向反馈，对于不同物种之间的情感交流有奇效。

这一切要归功于一种叫作催产素的激素，这玩意儿有很多好处，比如激发人的母性、有助于夫妻忠诚等，总而言之，就是能促进众多友好社交行为的进行，不分物种。当然男性也是可以分泌催产素的，因此这样的跨物种交流男女通用。

养狗的读者回家可以做做实验，给自家狗狗一个意味深长的眼神。不过千万记得别试图模仿电影情节，给某只小狼崽一个意味深长的眼神，因为很可能遭遇的不是一番亲昵，而是一番撕扯。有研究者认为，相互凝视增进感情这档子事可能是在驯化中养成的习惯，对于一些未被驯化的动物，并不存在这种生理反应。

眼神交流要慎用，慎用再慎用。如果不小心和男女朋友吵架了，不要套用烂俗言情剧里的招数，例如把对方逼到墙角，用“深情”的眼神凝视着，压低嗓音说：“看着我的眼睛。”祈祷此刻对方不会真的看向你的眼睛吧，要真看了，研究表明，大多数情况下只会让局势进一步恶化、变得尴尬。

最后一个实用小妙招是针对销售人员以及演说者的，如果不想被这些人的巧舌如簧给带到沟里，在听演讲和推销的时候可以尽量避开他们的眼神，为自己创造更多理性思考的余地。美国一项研究发现，在对视的时候，人们思维的开放性更低，更容易被固有的观点所影响。

这也就是说，当你的立场和演讲者一致的时候，看着对方的眼睛，你会越听越觉得“好有道理啊”，思辨能力会被这些劝说者的碎碎念瓦解，更容易接受他们的观点；而你的立场和演讲者相反的时候，眼神交流中你会觉得“好烦，不要再劝我了，我不会听的”，此时话语的说服力会非常低。

为什么中国人喜欢认干爹？

“干爹”可能是近年来含义被败坏得最惨重的一个词。它的意思从一种基于亲情、友情的人情关系，变成了“你懂的”。

跟基督教的“教父”不同，中国的“干爹”并不承担宗教教育和入教担保的责任，而是中国民间习俗中非常重要的一部分。

这里我们就来说说为什么中国人喜欢认干爹。

先给“干爹”定个性

没有血缘关系或者婚姻关系的亲属，我们称之为“干亲”。

在中国传统习俗中，认干亲分为两类：一类是平辈的干亲关系，即“结金兰”。按照以前的规矩，结拜时双方各用红纸写出姓名、生日、时辰、籍贯及父母、祖及曾祖三代姓名，即所谓的《金兰谱》，摆上天地牌位，依次焚香叩拜，发誓并交换谱帖；第二种则是长辈和幼辈之间的干亲关系，即认干爹干娘，北方叫作“认干爸、干妈”“打契家”，南方叫作“认寄父寄母”。如果把它的称谓变得更古雅一点，你也可以管“干爹”叫“义父”。

“结金兰”和“认干爹”都是拟血亲关系。第一种非常好理解，是关系亲密者之间的契约仪式，如《三国演义》中的桃园三结义。而第二种，正如前面所说，其目的并非是为了教育和宗教担保，那是什么呢？

认干爹的风俗，其根本原因是从前婴幼儿死亡率高

据尚会鹏教授的《中原地区的干亲关系研究》一文所说，认干亲分为三种情况：“巫术”性质，“补充”性质，“公关”性质。

为了让孩子健康成长，孩子的父母往往把孩子认到别人家里，是为“巫术”性质的干亲。

如果一个家庭没有孩子，或者只有一个儿子或一个女儿，为了满足“儿女双全”的愿望，认另一家的男孩为干儿子，女孩为干女儿。尚会鹏教授认为“它是不完整的人伦关系的一个补充形式”，称作“补充”性质的干亲。

两个家庭如果父辈关系要好，往往会通过认干亲来加深彼此的感情，联络友谊。尚会鹏教授认为“在这种情况下，孩子仅仅作为一种媒介作用……带有某种‘公关’性质”，所以称为“公关”性质的干亲。

其实这种区分有待商榷，因为这三种情况从目的来看并没有区别，都是为了缓解广泛弥漫的生育焦虑，换句话说，是为了在幼儿死亡率奇高的时代，让父母获得一些心理安慰。

据金陵大学 1929～1931 年的调查资料显示，当时部分农村人

口死亡率为 28‰，婴儿死亡率为 156‰，平均寿命为 34～35 岁；1988 年，全国生育节育回顾性抽样调查资料显示，1944～1949 年，中国婴儿死亡率为 201‰，平均寿命为 39 岁左右。汇总数据一般认为，20 世纪的前 50 年，中国人口的死亡率约为 20‰～25‰，婴儿死亡率高达 200‰左右，平均寿命不到 40 岁。可以说，中国是当时世界上寿命最低的国家之一。

至于清代，有人做过统计：康熙共生有皇子 35 人，皇女 20 人；活到 18 岁的只有皇子 20 人，皇女 8 人；5 岁前死亡者皇子 12 人，皇女 10 人。顺治 8 子 6 女，8 岁前死亡者 4 男 5 女。清代 103 位皇子（不包皇帝）和 82 位皇女的平均寿命为：男 32 岁，女 26 岁。

近现代尚且如此，古代情形可想而知。通过认干爹的方式，为孩子指定一个父母之外的监护人，以免意外发生时无人照看，就成为一种通行的做法。

以前认干爹有什么讲究

为了克服婴幼儿夭折的恐慌，很多时候“认干爹”带有巫术的性质。比如担心孩子早夭，命不够“硬”，中原一些地区还曾流行认石头或柏树为干亲的习俗。

石头是生育神高禖的标志物，立石为祠是祭祀高禖的手段。据《礼记·月令》记载：“是月也，玄鸟至。至之日，以大牢祠于高禖，天子前往，后妃帅九嫔御。乃礼天子所御，带以弓韣，授以弓矢，于高禖之前。”石的生殖繁衍功能还表现为能使吞食石或触摸石的人有孕。不过更容易让大家理解的，应该是石头受日月精华，能蹦出猴子。

还有一种“认干爹”的做法，是让孩子认铁匠或石匠做干爹，因为这种“接触巫术”的思维认为，石匠或铁匠命硬，可以防孩子早夭。

自从有了命理之学后，孩子能否顺利活到成年就有了一些技术手段可以用。比如孩子命太硬，克父母，就放在别人家养；或者放在寺庙，假装这孩子“不在家”，俗称“过个门槛”。

对干爹干妈的姓氏也有要求，一般会选择吉祥姓氏的人家，如姓“刘”“寇”“陈”“程”等姓氏的人家。“刘”与“留”谐音，“寇”与“扣”谐音，“陈”“程”则与“成”谐音，取“留住”“扣住”“成人”的意思。忌讳选择“王”“史”等姓氏的人家作为干戚，因为“王”与“亡”、“史”与“死”等不吉利的字谐音，会使孩子夭折。

而认干亲的仪式也很有意思。干父母家举行的将孩子纳入自己家庭的仪式是祭灶。在一个灶上吃饭就是一家人，这种认知可谓非常朴素。中国乡土社会是一个血缘社会，一个差序格局的社会，父子、远近、亲疏不失其伦。

“亲亲，尊尊，长长，男女之有别，人道之大者也。”这一方面说明中国传统社会重视血缘和人伦，另一方面也说明传统上对非血缘和格局远端的人际关系并不信任，如果不能改变彼此之间的关系“格局”，就无法进行深入的交往。这种层次化的思维方式，是中国文化的一大特点。

一旦“干爹”走进成人世界，就有点儿变味了

当然，“认干亲”这件事一般是未成年人的事儿，一旦走进成人世界，不免要变味。

战乱时代，军队统帅或宗教领袖为了和下属形成更为稳定的联系，经常彼此认做干父子，以模仿血缘近亲，建立效忠的关系。比如《旧唐书·高开道传》载，高开道有亲兵数百人，都是骁勇善战之士，并号为义儿。太平天国将士同拜天父也是一个道理，相当于彼此认作兄弟。

再比如太监没儿子，认一个儿子，而这个孩子又可以利用其干爹的政治资源，这种情况也是有的。比如说夏侯嵩，他认了太监曹腾当干爹，改姓曹，后来生了个儿子叫曹操。

明代宦官势力强大，不仅新入行的宦官要找前辈认干爹，以求照应指导，外官也争相认宦官为干爹，如最负盛名的魏忠贤，有“五虎、十狗、十孩儿、四十孙”。

总之，在成年人的世界里，“认干爹”更像是一种赤裸裸的利益交换契约，与其本身的意义似乎已相差甚远。

为什么被拐卖的妇女很难逃脱?

在过往的拐卖妇女案件中，我们经常能看到，被拐卖的妇女如果想要逃脱，总要经历层层魔障，买主及附近村民的严密看守让最终逃出成为一种侥幸。为什么被拐卖的妇女很难成功逃脱?

同村人为什么群体作恶

在新中国成立后的最初 30 年中，我国人口犯罪基本绝迹，但是自 20 世纪 80 年代以来这种犯罪活动重新出现，并呈严重之态势，20 世纪 90 年代更是在一些地方一度很猖獗，其根本原因就是有农村这个庞大的买方市场存在。

这个旺盛市场产生的一个重要原因是，在很多村庄，长期的重男轻女导致男多女少，同时村子里的女性不断流出，想借外出打工等机遇摆脱贫困、改变命运，以至于大龄未婚男性增多，且娶妻无门。

而在一些旧婚俗、包办买卖婚姻观念占据主导地位的村子，村民们甚至农村干部都认为，被拐卖进来的妇女解决了本地大龄男子的婚姻问题和传宗接代问题，是“成人之美”“办好事”。落后的观念让他们认为这种行为合情合理，并且包庇、袒护人贩子和买主。

长此以往，买妻之风越来越盛行，使得买妻者周围的社会对拐卖妇女犯罪表示出极大宽容，对收买被拐卖妇女默然应许，甚至是众人皆兵，集合可能集聚的力量，加强对被拐买妇女的看管和“驯化”，因此被拐妇女很难以一己之力逃脱虎口。

这种群体性的麻木不仁可以说是被拐妇女们难逃魔爪以及买方市场持续旺盛的重要原因。要知道，在办案人员异地取证本来已经很困难的情况下，还要遭遇买主所在地村民们的阻挠——围攻、谩骂、殴打甚至绑架来解救被拐妇女的人员的事件都时有发生。

农村“人情”横行作祟

除了法制观念薄弱，到底是什么样的原因让村民们几乎是无意识地在集体作恶？

我们国家的很多村庄，人与人之间主要靠血缘、宗族纽带维系关系。在这种熟人社会中，“人情”有很强的存在感，并依附于血缘关系结构，是一种集体表意。这便很有可能出现一种情况：是非观念由血缘关系决定，封建宗族势力的抬头给予“自己人”很强的保护。

而在其他由血缘以及地缘纽带共同维系村民关系的农村，村民也需要维护“人情”这种东西，作为如何对待“自己人”和“外人”的依据。即便这时人与人之间的关系不像纯靠宗族纽带维系的那样紧密团结、一致对外，但在农村人情文化的浸染下，彼此之间的面子总是存在的。

另一方面，农村里没有血缘关系的“熟人儿”，一旦彼此关系恶化，想要弥补是非常难的，而且容易结仇，而一般来说，村民并不愿意在日常生活的周围有“仇人”。与此同时，得罪人还有遭受“阴招”报复的风险，一些强势者不小心得罪了弱势者，弱势者不敢明目张胆地反击，但会使用一些“阴招”，如烧柴禾堆、药死猪甚至用炸药等方法暗地里进行破坏。在村庄里，被人用“阴招”对付是非常没有面子的。总的来说，讲究关系并且相互给面子的村民在努力维持一个表面和谐的社会。

这种个体独立性的缺乏，何尝不是一种沉重的精神负担？在对待被拐妇女这件事上，又有谁会冒天下之大不韪、自家鸡鸭很可能第二天就被毒死一大片的风险去管这件事呢？

这种因麻木、冷漠而造成的群体之恶，不见得群体里的每个人有多坏，他们只需要不太费力地做一件事——合作，就足以对受害者造成极大的伤害。

平凡人做起恶来杀伤力可能很大

德裔美籍哲学家汉娜·阿伦特曾在她 1963 年出版的著作《艾希曼在耶路撒冷》中，提出了“平凡之恶”的观点。平凡人、本没有恶心思的人也可以作恶，只要这一个个人足够多，而当他们身在群体中，成为运转机器的一员时，就很容易因为选择“服从”而做出连他自己都难以想象的事。

当他们身处群体中时，群体身份会降低他们对自己言行负责的责任感，群体的言论会把他们推入一种很难独立思考的氛围中，一旦群体的主流给出一个明确的表态，身在群体中的人便渐渐地交出判断能力，最终无意识地服从群体。悲剧往往就在平凡人的妥协中产生。

当特别多的人甘于平庸时，平庸就成为一种邪恶，这些人出于懒惰或者所谓“人情”等各种原因，放弃了理性以及本该独立的人格，宁愿成为一个随便的追随者。

为什么中彩票大奖的都是神秘人？

中国彩民可谓是世界上最爱 cosplay 的彩民，他们领奖时的造型甚至可以开辟一个创意产业。一次次眼看着不知名的蒙面人领走巨奖，广大群众开始对这种 cosplay 感到审美疲劳，同时质疑彩票中奖的真实性。

于是，要求将中奖人信息大昭天下的呼声越来越强烈："别的很多国家都规定要公开中奖人信息，我们为什么不行？"

那么，买彩票中奖，到底该不该实名露脸？

露富怕遭灾，中外都一样

"不露富"一向是崇尚中庸之道的中国人的传统美德，害怕亲朋上门借钱，担心贼惦记等顾虑，自然成为彩民低调领大奖的主要原因。

这种"树大招风"的担忧，在全世界都是一样的。曾有报道，英国一对夫妇在公开中奖信息后，不得不带着孩子逃至西班牙，因为向他们乞求施舍的信件让这个家庭烦不胜烦，当地邮局也证实，在邮差办公室里，寄给这家人的信件已经摞成几摞。

中奖信息被人得知后遭遇打劫危及性命的事，在国外也并不少见。2006 年，一位买彩票中了 3 000 万美元大奖的美国公民被女性朋友杀害，钱财也被侵占。

在外文搜索引擎里输入类似“我中彩票了怎么办”的问题，出现的大多文章都会提到一点：如果你所在的区域允许你匿名领奖，请匿名，请让你的律师代为处理一切，并且别一开奖就去领，避一阵风头再去。

曾经有这样一个例子：美国一位神秘男子买彩票中了 1 430 万美元大奖，最终却没来领奖。在兑奖最终期限前几分钟，一名声称受彩民委托的律师带着中奖的彩票前来兑奖，可是律师却不知为何说不出被代理人的姓名。因为这张彩票被购买时的所在地爱荷华州规定，领奖人必须公开个人信息，这张彩票最终没能兑出现金，而律师事后也没有继续索要奖金。

领奖人要实名公开，也是有理有据的

在美国，只有 6 个州允许彩票中奖者匿名领奖，而其余参与彩票发行的州均要求公开中奖者信息。从法理上讲，因为彩票的钱都来自彩民投注，用一个时髦的词，叫“众筹”。作为一种公众财产，这些钱最终被谁拿走，彩民们当然有理由要求知道。

显然，只有实名公开，才能够确保彩票发行公司没有通过内部人中奖、操纵开奖结果等方式骗走大家的钱，而且向公众表明，大家买了彩票真的是有希望中奖的。

不过关于信息公开，美国每个州的具体规定也不一样。有些州只要求中奖者提供真实的个人信息，而有些则要求中奖者亮相新闻发布会曝光。所以我们往往可以在国外的一些新闻中，看到彩票中奖者抱着巨大的彩票单模型，脸上洋溢着开心笑容的情景。

对彩票发行公司来说，公开获奖者信息也不仅仅是为了防止作假，向公众展示公信力，他们也乐见中奖者的个人真实情况公之于众，因为一个展现在公众面前的中奖后的真实笑脸，宣传效果远远大于“你们快来买彩票呀”的吆喝。

在欧洲，许多情况下，彩民是有权利选择匿名还是把自己的中奖信息公之于众的。由于上面所提到的宣传效果，彩票公司还是希望中奖者公开自己的信息，为此还为中奖者准备了一项额外服务：对中奖后带来的烦恼提供咨询建议。

而在中国，类似的新闻发布会也有。一般来说，彩票发行中心的工作人员会特意要求发布会现场所有人员在兑奖前签写保密协议，以保护个人隐私。有些彩票中心还会贴心地为领奖人准备专门的领奖装备：大墨镜、太空服、大口罩、面具……总之，一切能够把你挡得连亲妈都认不出来的装备，这里应有尽有。

知情权和隐私权，这国际的轨怎么接？

就像吃不饱饭的总想变胖，吃太多的总想减肥一样，个人隐私权和公众知情权，永远在“缺什么喊什么”。

在中国，《彩票管理条例》第 27 条规定：“彩票发行机构、彩票销售机构、彩票代销者以及其他因职务或者业务便利知悉彩票中奖者个人信息的人员，应当对彩票中奖者个人信息予以保密。”

因为强调中奖者的个人隐私权，大奖总是被神秘中奖人拿走，公众对于保障知情权的要求高涨；而在美国，准许匿名领奖的州太少，尊重个人隐私权作为西方世界的金字招牌在此时就格外引人注目。

美国不少州在给予中奖者匿名领奖的权利方面展开过热烈讨论。支持匿名的最常见理由是，公开中奖者的信息，很有可能让中奖者成为犯罪活动的目标。

中奖者的隐私权和公众知情权哪一个更重要？这永远是一个博弈的过程。很多国家采取了公共利益优先的原则，优先保障公众知情权。我国目前的政策偏向还是个人隐私权占上风，不过，如果不公开对公共利益可能造成重大影响，中奖者的个人隐私也就必须让步了。

高考加分，怎么样才公平？

近些年来，高考竞争越来越激烈，而高考实行的各项加分制度也屡屡被质疑有失公平。不过，千万别以为高考加分就是考试的事，它的历史就是一部阶级斗争史。

根正苗红才有分加

虽然我国在1952年才进行第一次统一高考，但1950年，我国教育部已经富有先见之明地推出了首个加分政策——《1950年度暑期招考新生的规定》。

规定中写道："凡具备下列条件之一者，可以加分录取：有三年以上工龄的产业工人；参加工作三年以上的革命干部及革命军人；兄弟民族学生；华侨学生。"

这最初的几大类"特别优惠"生，是如何确定的呢？

新中国建立后，随着高度集中的政治经济体制的逐步建立，人民政府接管了各类高校，也就掌握了高等教育入学机会的分配权。而我国作为无产阶级领导的国家，自然要确保咱们无产阶级能拥有高等教育受教育权。

所以，直到“文革”结束前，工农子女享受着越来越多的优惠升学政策。工农子女大学生比例也越来越大。据统计，1958 年至 1964 年，工农子女在大学在校生中的比例从 55.3% 上升到了 70.1%。

但这种在高校招生中过分强调阶级成分的做法，毫无疑问会直接导致高校教育质量的明显下降。不过很快这个问题就不存在了，因为到了 1966 年，我们把高考给废了……

除了按阶级成分加分，我们还借鉴了国民政府对少数民族学生和华侨学生的照顾政策。国民党政府 1942 年制定的《公私立专科以上学校招生办法》的第二十款就规定：“本年各省市高中毕业会考成绩优良学生及边远各省保送之蒙藏籍学生……仍由教育部依照规定免试分发公立各校、院肄业，但必要时，亦得分发私立校、院肄业。”而对华侨的照顾性政策，早在民国时期各大学之中就已成为惯例。

总而言之，这些已有政策的选项基本确定了高考加分政策的早期形态。

为了四化，赐予你加分

1977 年以后，随着高考的恢复，高考加分政策也进行了一些改变。高考加分照顾对象取消了工农等家庭成分或身份的限制，鼓励性和政策性的加分变得越来越多。

那时候我们终于认识到，外面的世界已经日新月异，得回过神来加紧搞四化建设。搞四化，当然需要学习好的人才。于是，三好学生、学科竞赛获奖也就成了加分项目。

除此之外，能够在高考时加分的还有体育艺术特长生、思想品德表现突出者、受政府表彰的优秀青年。报考农林等特殊院校，属于为国奉献，也有加分。

那时候，给谁加分，加多少分，都是教育部定的。进入 21 世纪，我国高考加分政策的决策权也从中央政府手中逐渐下放。于是各地方政府先后针对不同对象出台了各自的高考加分政策，加分幅度也不尽相同。随着高校办学自主权的扩大，一些高校也出台了各自的高考加分政策。于是，给谁加分、怎么加分，就有三个话事人。

公平是怎么被“玩”坏的

美国有个著名的政治哲学家约翰·罗尔斯，他研究一样东西：正义。研究的结果之一，就是提出了“正义二原则”：第一是自由优先；第二是平等。他指出，平等包括两个方面，一是公平的机会平等，这意味着大家都有同样的机会参与竞争；二是差异原则，要让社会中处境最不利的成员获得最大的利益。

对边疆、山区、牧区和少数民族聚居地区的少数民族考生，在高考时给予一定程度的高考加分，能够平衡教育力量薄弱的劣势，保障这些在高考中处于相对弱势的群体的基本利益。

不过，在这些情况的影响下，加分无可避免地越来越多，越来越乱。比如一些地区规定，引进的高端人才子女高考可加分；教师子女报考师范类院校高考可加分；省级或全国劳模子女高考可加分……到后来，高考加分项目涉及科协、体育、外事、民委、计划生育、残联、公安、民政、工会等 10 多个部门和单位，许多行业或部门纷纷通过关系找教育部门要求出台加分政策，加分项目越来越多。而这些加分优惠，当然是越靠近权力，越容易获得。于是，为了保障公平的制度，最后却造成了加剧不公的后果。

据报道，目前教育部规定的高考加分项目仅 14 项，而各地的各种优惠政策累积达 192 项之多。

北京市 2013 年高考加分名单显示，加分总人数约占全市高考报名总人数的 18%。几乎每 8 名考生中就有一名享受加分待遇。

而近些年来，重庆巴蜀中学民族生造假事件、厦门马拉松的群体舞弊事件、四川省中学生游泳锦标赛“卖奖”事件、浙江二级运动员资格买卖等丑闻陆续曝光，也加剧了高考加分的“存废”之辩。

海峡对岸也有高考加分制度

都不加分就是公平吗？用柏拉图的话来说，“对一切人的不加区别的平等就等于不平等”。加分政策在其他国家和地区也有比较好，至少好一点的例子。

这里拿海峡两岸的政策来做个比较。熟悉台湾的人都知道，台湾的高等教育资源比大陆要丰富得多，升学竞争也不如大陆激烈。但台湾也有加分政策，而且幅度很大。

台湾地区的高考加分采用百分比制。各种特种生的加分幅度在10% 至 25% 之间，其幅度之大令人惊叹。若某一获得加分条件的学生，今年在大学入学考试中考了 500 分，按高考加分 25% 的政策规定，他可以享受高达 125 分的高考加分。

虽然幅度较大，但加分对象却是受到严格限制的，早在 1993 年至 1998 年间，台湾就逐一废除了运动绩优生、边疆与新疆生、港澳生以及大陆来台生四项高考加分政策，继续享受高考加分的对象仅剩四类，即华侨生、台湾原住民、退伍军人、派赴海外工作人员子女。

相比大陆那么多部门都有加分的权力，台湾地区的各项高考加分政策都以专项法规方式加以确定，如 1992 年 10 月修改并颁布的《蒙藏学生在台升学临时办法》。

这里拿台湾举例子，不是说台湾的加分制度就一定有多好。台湾各界对各项加分政策都提出过强烈抨击。只不过，总要有一个参照物，才能知道哪一种政策更公平。

素食真的能让人更聪明吗？

每个人在吃饭这事儿上都有自己的怪癖。

最近，美国全国公共广播电台的专栏作者埃里克·维纳专门走访了雅典、加尔各答、爱丁堡以及杭州等多座城市，想看看这些人杰地灵的地方为何能诞生诸多天才。结果，这一研究发现了一个有趣的现象：历史上许多伟大人物与食物都有着特殊的关系。

顺便说一句，作者维纳的英文名 Weiner 也是个跟食物有关的单词。

那些对食物有特殊爱好的天才们

维纳在他的这本《天才的地理》中写道，天才和食物之间有很多共同点：两者都能给予他人“营养”，鼓励人们进步，偶尔也会吓人一跳。有些天才（食品）广受人民群众喜爱，比如砍樱桃树的华盛顿、发明灯泡的爱迪生；有些则属于慢热型，开始被当成疯子，后来才逐渐被世人接受。

身为一名合格的天才，一定在吃喝上有自己的特殊喜好。

在爱迪生手里，汤是一种面试的工具。到他那里面试的应聘者，都有一碗热汤的待遇。然而你在喝汤，爱迪生在偷看，如果你不尝咸淡就往里撒胡椒面、辣椒面、孜然、盐、香菜这些佐料，就会直接被这位大发明家刷掉。在他看来，不尝一尝就乱加佐料，一定是个疏于观察又自以为是的人。

对咖啡极度上瘾的人，可以拜法国大作家巴尔扎克为祖师爷，他那句经典的“我不在家，就在咖啡馆；不在咖啡馆，就在去咖啡馆的路上”，生动描述了身为咖啡迷的理想状态。

通宵写稿是作家的日常。巴尔扎克熬夜写作时，要喝掉 50 杯左右高浓度的咖啡。19 世纪 30 年代，他为一本杂志撰写了题为《咖啡的快乐与烦恼》的文章：“咖啡一旦进入你的胃，马上就引发身体骚动。思想列队开路，犹如三军先锋，战斗打响了！”他自称每本书都是靠“流成河的咖啡”才能完成。

咖啡虽好，可也不能贪杯。对巴尔扎克来说，每天靠咖啡刺激大脑 15 个小时左右，“引起胃里可怕的疼痛”。咖啡让巴尔扎克战斗到 51 岁时落败，死因是咖啡因中毒。

有爱到极致就有恨到极致的。希腊数学家毕达哥拉斯极其讨厌豆子，而作为他的粉丝，不仅不能吃豆，连摸都不行。难道毕达哥拉斯怕闻到人体中后偏下部位发出的污浊气体？亚里士多德在《论毕达哥拉斯派》中给出了答案：毕达哥拉斯忠告人们戒食豆子，或者是因为它们的形状像睾丸；或者是因为它们分散着，一个一个没有连接起来；或者是因为它们像宇宙的形状；或者是因为它们属于寡头政治——人们用豆子抽签选举。

这位拒绝吃豆的大家，最后也死在了豆子上。相传当时有人要伏击他，而在逃跑的路上毕达哥拉斯拒绝踩踏豆田，结果被抓住处死了。

素食能净化身体吗？

历史上的许多天才都是素食主义者，如达·芬奇、甘地、萧伯纳等，而牛顿和爱因斯坦可能在一段时间内是坚持吃素的。

关于素食的争议仍在继续，但素食已经成为当代社会中一种相对高级的生活方式，被无数诚心或跟风者追捧。

重新定义手机的乔布斯也是坚定的素食主义者，而且他对食物的怪异看法是出了名的。在《史蒂夫·乔布斯传》中，作者沃尔特·艾萨克森写道，这位硅谷天才对食物极其挑剔，而且对任何食物都会立刻做出极端的评价。比如相同的两个梨，乔布斯拿起一个尝一口之后，或许会说这是世界上最好吃的梨；而再换着尝另一个时，或许会直接吐掉并吐槽这太难吃。

结婚以后，乔布斯的怪癖饮食习惯依然保留着。他能连续几个星期就吃一种东西，例如一直吃胡萝卜，可是突然某天就开始极其讨厌胡萝卜，并且宣称这辈子都不会再吃它。

在被诊断出患有癌症后，乔布斯一开始并不接受肿瘤切除手术，而是想另找办法进行治疗。他的方法就是严格坚持吃素食：饮用大量新鲜的胡萝卜汁和苹果汁，此外还尝试过各种草药、针刺疗法，甚至见过灵媒，结果耽误了 9 个月的治疗时间。即便是术后内分泌代谢障碍，他还坚持着过去的饮食习惯……

在乔布斯看来，节食和禁食能净化身体，而消化食物是浪费人精力的事。抱有这种想法的不止乔布斯一个人，古希腊作家阿里斯托芬就认为雅典人之所以智慧超群，原因就是其低热量的饮食习惯。

米开朗基罗也是个对美食无动于衷的人，他吃东西“更多是出于必要，而不是享受”。据徒弟阿斯卡尼奥说，米开朗基罗画《最后的审判》时通常一画就是整整一天，到晚上才想起来吃饭。

生物学家达尔文不仅研究奇异的动物，最重要的是，他敢吃它们。在剑桥大学时，达尔文就是“美食俱乐部”的成员。这个俱乐部的成员每周聚会一次，在一起试吃猫头鹰、老鹰、麻鸦等珍馐美味。后来，达尔文跟随英国皇家海军“小猎犬”号航行，在 5 年时间里写下了长达 368 页的动物学笔记，收集了 1 529 个保存在酒精里的标本和 3 907 个干标本。在这一探索过程中，他有幸品尝了犰狳、鬣蜥和巨龟，并表示犰狳和鸭子的味道差不多。

后来，他的事业被一个叫贝尔·格里尔斯的人继承了。

聚餐能激发灵感的火种

一些作家的创作灵感就来自于食物。诗人席勒总是在办公桌下放一箱烂苹果，据说这种气味能让他回想起自己长大的农村。

能带来启发的并不一定是吃的或喝的，在餐桌上的欢乐交流往往更能孕育出智慧的火花。在古代雅典，城市生活的核心是讨论会或“会饮”，其字面意思是“聚在一起喝酒”。参会者在几个小时里一边喝对水的葡萄酒，一边讨论哲学、诗歌和八卦。

这种大型聚餐有两个规定必须遵守：一是人们躺坐在一起，围成圆形或方形，这样一来会场上就没有明显的主座，所有人身份平等；二是每一个回合里，所有人都得一起喝酒，所以每个人喝酒的速度是一样的。喝酒能这样公正公开，就能让参与者放下顾虑，尽情享受聚餐的喜悦。

18 世纪的爱丁堡是苏格兰启蒙运动的中心，当时的牡蛎俱乐部云集了社会上的精英人士，其创始人是经济学家亚当·斯密和哲学家大卫·休谟。俱乐部成员每天都会与其他成员交谈，话题无所不包。光聊天多闷得慌？所以这群人每天都要吃掉大量的牡蛎，喝掉大量的红葡萄酒。

如今，许多人都习惯于到星巴克之类的咖啡馆，点上一杯热气腾腾的咖啡，拿出轻薄的笔记本电脑，找点儿灵感，做点事儿。这传统其实很早以前就有。大约 1900 年左右，维也纳咖啡馆就成为了激发灵感的首选地。

“实际上是一种只要花一杯咖啡的钱，人人都可进入的民主俱乐部。”作家茨威格在回忆录《昨日的世界》中这样回忆。一杯咖啡的价格，就能享受到当时稀缺的暖气，此外还能浏览当天的各色报纸，然后与友人进行讨论，掌握最新的时事和国际动态。

然而在埃里克·维纳的书中，为什么没有女性天才和她们的食物癖好？原因是历史对这一群体鲜有记载，被社会裁定的天才，一直以男性居多。

穿貂是怎样流行起来的？

东北在明朝就向中原输出了穿貂的审美

在现代大规模养殖业兴起之前，貂皮是一种非常昂贵的货物，很多时候只有贵族才负担得起。

如《金瓶梅》这本小说里就曾提到，潘金莲向西门庆讨要的那件李瓶儿的貂皮袄，价值 60 两银子。60 两银子是什么概念呢？明代正一品的大员，法定月薪也就是 60 两零 9 钱白银，至于最基层的正九品官员，一年只有 40 多两银子的收入，不吃不喝一年半才买得起一件貂皮袄。

明代的貂，主要来自与女真的贸易。由于貂很贵，也一度被纳入了公务员福利。明万历以前，“京师冬月，例用貂皮煖耳，每遇沍寒，上普赐内外臣工，次日俱戴以廷谢”。冬天遇到西伯利亚寒潮，皇上要给大臣们发貂皮耳罩，第二天大臣们都戴着耳罩去谢主隆恩。

这种福利，每次要花掉上万贯的钱，到万历年间为减少三公消费就不发了。

明代虽然达官贵人流行穿貂，妇女也喜欢貂皮的配饰，但是貂，或者说皮草的大流行，还是要到清代。

把毛穿外面，不然穿什么貂?

清代统治者来自盛产貂的地区，也就把穿貂的风尚推到了前所未有的高度。按照当时的记载，穿貂也是讲规矩的，不能乱来。

《道咸以来朝野杂记》中记载："衣冠定制，寒暑更换，皆有次序。由隆冬貂衣起，凡黑风毛袍褂如玄狐、海龙等，皆在期内应穿。由此换白风毛，如狐皮、猞猁、倭刀之类，再换银鼠，再换寒羊皮。皮衣至此而止。"

如果不按这个规矩来，是要被贵族们耻笑的。

但是这并不是很重要。重要的是，清代奠定了今天穿貂时尚最重要的一件事——把毛穿在外面!

在清代之前，毛皮衣服一般不崇尚把毛暴露在外面，而是将毛面向里穿，外面包一层布帛。将毛向外被称为"反穿"，是暴发户的可耻炫耀，不入流。

另一方面，反穿貂是少数人的专利，比如皇帝。紫貂的大衣，只有皇帝才能把毛穿在外面，其他人这么干，就是僭越，搞不好小命都得丢。

但是皇帝作为王朝的时尚担当，自然无法阻止别人效仿他。后来，宫里的人也学着反穿貂服，皇帝只好规定只能在宫里穿，不能穿出去。再后来，达官贵人和商人也都学会了反穿貂皮，从而逐渐奠定了今天人们对貂的审美。

广州人也爱穿貂?

清朝对貂的另一个贡献，是把穿貂的风尚传遍了大江南北。

跟沙俄的边境贸易带来了大量的貂皮输入，以至于皇家库存貂皮多达两万张，根本用不完，只能任它腐坏。于是，大量的貂皮流入民间，穿貂的时尚跨过黄河，再跨过淮河，再跨过长江。

18 世纪，一个叫龚炜的学者在记录自己家乡的风俗时说："余少时，见士人仅仅穿裘，今则里巷妇孺皆裘矣。"请注意，这个人是江苏人。也就是说，乾隆朝的时候，江苏地区已经非常流行穿貂，几乎到了人手一件的地步。

今天一个东北人跟你说，他要贩貂去广州卖，你一定觉得他有病。但当时，广州人爱貂的程度，丝毫不亚于今天的东北人。

乾隆末年，马戛尔尼使团抵达中国广州，被广州人穿貂的爱好震惊了。他们记载说"这种衣服显然不单是一种奢侈品，或限于上流人士，因为我们所见的皮衣服店很多，店里的皮料很丰富，如豹皮、狐皮、熊皮和羊皮都有……"

当然，随着清朝覆灭，皇室引领的穿貂热就逐渐从南方地区退烧了，现在普遍流行穿貂的，只剩下那些特别冷的地方。

最后顺便说点儿有趣的事儿。清代中国人对穿貂这件事如此热衷，消费了大量的皮毛制品，这令俄罗斯人感到非常开心。他们不断从西伯利亚、阿拉斯加等地区搜集各种毛皮，除了貂，还有海獭、银鼠、海豹……然后卖到中国。仅仅在恰克图一地交易的关税，就占了当时沙俄一年关税的 20%。后来，他们把阿拉斯加的海獭捕杀一空，觉得这块地方没啥价值了，就卖给了美利坚合众国。

这就是穿貂改变世界的神奇结果之一。

食物越贵越健康吗？

吃“草”真的健康吗？

贵的东西总是好的，这大概已经变成了人们生活常识之一，尤其是对待吃进嘴里的食物。但对比那些看颜值、看品牌的消费品，食物怎么也变成了看价格标签定食用价值的东西了？毕竟多少年前人类想吃啥就摘啥，想吃啥肉就打啥猎。

像现代人钟爱的沙拉，同样一棵生菜，被包装在沙拉里就能卖个好身价——因为“健康”“有机”“天然”的标签。比起那些自诩为“食肉动物”，大腹便便的吃货们来说，“吃草”不仅很时尚，还很有营养很健康。

但有有机咨询师就对 4 款沙拉原料（黄瓜、萝卜、生菜和芹菜）进行了营养质量指数的评分——这些食物几乎全都是水（95% ～97%），其实并没有什么太多的营养。而那些你觉得好吃的沙拉，如果去掉了你爱吃的炸面包丁、奶酪、沙拉酱……还会是你喜欢吃的东西吗？

人们常常认为，挂上了“健康”“天然”“有机”的标签，食物自然是富有高的营养价值。营销学者皮埃尔·尚东说，这就是食物的“健康光环”。尚东通过 4 个消费者调查数据，对比主打“健康”的赛百味和被称为“垃圾食品”的麦当劳中的饮食，发现人们往往容易低估那些主打“健康”的食品的卡路里含量。而美国洛杉矶加州大学的一项研究中也发现，实际上，赛百味中的一些单品其实含盐量比汉堡更高，热量其实也和汉堡差不多。

这也就是皮埃尔·尚东说的“健康光环”。当人们有了食物标签对他们“有好处”（如健康、营养）的想法，往往不再注意它的实际营养成分，甚至不再注意它的分量。不仅如此，价格也能从“健康光环”中受益。

在《消费者研究》杂志的调查中，研究者让实验者猜测一款零食的价格，其中一组被告知该零食是健康食物，另一组听到的则是这款零食介乎垃圾食物和健康食物之间。实验结果表明，被告知零食是健康食物的实验者对食物的估价更高。

“健康光环”怎么建立起来的？

现代最早使用“天然食品”这个说法的人，是印度医疗局的一位医生罗伯特·麦卡利森爵士。他认为，比起那些有消化不良类的疾病的西方人，他所见过的那些长寿、精力充沛的部落老人，其之所以更长寿和健康，与长期食用未经加工的“天然食品”有很大关系。而他所指的“天然食品”，也就是“源于自然的简单食品”，如牛奶、鸡蛋、谷物、水果和蔬菜等。

麦卡利森在一篇文章中谈到，他曾到过喜马拉雅山山脚的一处偏远的罕萨山谷，在那里发现“一个民族，他们拥有卓越无比的完美体格，基本上不生病，直到今日，其特有的食物仍只包括谷物、蔬菜和水果，以及一定量的牛奶和黄油，肉类只在宗教节日才有……”由此他最后总结说，“自然古朴的食品所构成的饮食才能与长寿、持续的活力和完美的身材和谐共存”。而另一方面，“现代食品，由于脱水、加热、冻结和解冻、氧化及分解、磨粉和抛光”，已从食物中消除了自然性，代之以人工处理，带来了无穷的健康问题。

而无意中受到他影响的另外一名“健康大师”罗代尔（原名杰罗姆·欧文·科恩），多年来一直大力倡导加工食品导致疾病和“天然食品”有助健康长寿的理念。在他和他狂热的追随者多年的“洗脑”之下，“天然”“来自大自然”“有机”食品成为了美国甚至是西方社会的主流。

人们为什么迷信“健康光环”？

可是吃了那么多年的加工食品，怎么突然间就对吃“天然食品”感兴趣了呢？

在学者哈维·列文斯坦看来，这一切源于人们对食物的焦虑。对于最初通过自给自足来获取食物的人们来说，工业化、城市化的发展改变了这一方式，使食物的生产和处理从家庭中转移了出来。工业化和全球化改变了人们所吃食物的种植、运输、加工以及销售方式。在食物的生产者和消费者之间插入了中间人，人们开始对最后到达餐桌的食物产生怀疑和恐惧。这个食物有添加剂吗？加工过程卫生吗？我吃得健康吗？

不仅如此，富裕起来的中产阶级甚至在满足了饱食之欲后，对吃有了更“高”的追求——我要如何吃得更健康，活得更长久。

《财富》杂志1936年就曾发表文章表示：

> “不为享受，而是为健康而吃，这无疑是源自美国的一个基本特征：害怕生病。人们如此急于相信通过某种饮食方式，就能获得愉悦而精力充沛的生活。”

而无论是因为对食物的恐惧还是对生活的追求，人们总是受到来自于社会的、公共的观点的影响，无论是营养学的兴起还是市场营销的作用，在对自己所吃的食物这件事情上，尽管人们看起来好像很自主，但其实从来都没有主动权。那些在食物上打下的标签，无论是价格还是味道，抑或是作用，成为了我们唯一可以相信的，但却不知道为什么相信的东西。

烟民一点烟，国家就发笑？

13.7 亿中国人中，有 3.16 亿吸烟者，相较 5 年前增长了 1 500 万。全球有至少 10 亿吸烟者，每年有 600 万人死于烟草引发的疾病。烟民平均每天吸烟 15 支，以 15 块钱一包（20 支）的价格计算，一年下来每个烟民要花费 4 106 元，全国烟民总计要花 1.3 万亿元。

1.3 万亿！这些白花花的真金白银，在无数个大街小巷，流水般地手转手，最后红光一点，都化作缕缕青烟，飘入无声无息的空气里去了。

吸烟有害健康是所有烟盒上都会印有的提醒语，相信批判吸烟害人害己，不利于国计民生的论调早已屡见不鲜。那么，每年花这么多钱的烟民们，真的给国家拖后腿了吗？事实并非如此！在这些耸人听闻的数字背后，烟民们看似云淡风清，实则谈笑间，已是国家财政、人口结构乃至国民经济的栋梁。

吸烟是国家财政的负担？

先说吸烟给国民经济增加的负担。吸烟的危害，其实大多数人用直觉都想得出来：既然吸烟有害健康，那么公民的健康受损害，国家必然也受损失。

不过这种损失该如何量化呢?

首先，由吸烟带来的小病小灾会影响烟民们的工作，主要体现在工作时间缩短、工资低和退休时间提前上。

根据美国国会财政办公室的一项研究，在控制了年龄、种族、教育程度等诸多变量之后，吸烟的人总体比不吸烟的人收入平均低了 10%，而曾经吸烟的已戒烟者，工资水平和不吸烟的人则基本持平，这也证明了吸烟对工作量和收入的影响。

收入低了，贡献的 GDP 也低了，而更重要的，是他们所缴纳的个人所得税也会变少，全方位地给社会拖了后腿。

不过吸烟给烟民带来的影响还不仅仅是工作上的。吸烟有害健康，可能会带来恶性肿瘤或癌症、呼吸系统和心脏系统等各种疾病，还会增加医疗和保险系统的负担。这可是比工资、个税更可观的一笔钱：根据世界卫生组织的调查，在发达国家，每年有 15% 的医疗费用花在了吸烟所导致的疾病上。

以 2014 年的美国为例，全国全年的医疗花费（公费和个人缴费都算上）是 3 万亿，而 3 万亿的 15% 就是 4 500 亿，占当年美国 GDP 的 2.5%。

也就是说，美国的 GDP，有四十分之一每年被吸烟的人看病花掉了。

除去工作少、看病多，吸烟还会对社会产生一些间接损失：譬如随处可见的烟头会增加环卫工人的工作量；被香烟带坏的青少年可能会更进一步，有接触大麻、摇头丸甚至是毒品的风险；没有完全熄灭的烟头还有可能带来火灾隐患……

看来为了烟民，国家财政当真每年要花不少钱。

等等！烟民还在给国家创收

不过，烟民与国家财政的故事还没完。个税、医疗和环境清理费用只是序幕，下面这些才是大头——

吸烟给国家财政的贡献，最直观的体现在于税收。根据新华社援引的财政部的报告，2015 年，中国烟草行业实现税利总额 11 436 亿元，同比增长 8.73%；上缴财政总额 10 950 亿元，同比增长 20.2%。

“税利总额”指的是国内所有烟草公司所缴纳的税收和利润的总额。因为我国的烟草公司都是国有公司，所以无论税收还是利润，最终绝大部分都流入了国库。也就是说，刚刚所说的烟民们每年用来买烟花的钱，一大部分并没有打水漂，而是作为利润和税收归向了国家财政。

每年从烟草行业流入国库的 1 万亿是个什么概念？

2015 年，全国财政收入总额是 15.22 万亿，其中烟草就占了

7.2%，独占鳌头。2015 年，中国的军费支出是 9 000 亿元，用烟草收入养活军队，妥妥略有盈余。

不仅是税收，在刺激消费、拉动内需这一点上，烟草行业也是极为稳定的业界翘楚：这主要得益于烟草这种商品的性质——它是一种需求弹性很低的消费品。

所谓“需求弹性”，是指一样商品的需求量受价格影响的波动程度。众所周知，商品的需求量要受价格的影响。价钱贵了，买的人就少；价钱便宜，买的人就多。可是不同的商品，由于自身性质的原因，对于价格波动的反应程度相差很大。

有些商品，贵了还是便宜了，买的人都差不多，这就是需求弹性度低的商品（通俗称为“刚需”）；而有一些商品，只要价格贵了一点，买的人就少很多，于是它们就是需求弹性度高的商品。

譬如盐、自来水、汽油和回家过年的火车票，都是弹性度非常低的商品。价格涨不涨，该买多少盐还得买，开车的还是得加油，过年还是得回家，需求量基本不变。像这种商品，加税或加价 10%，购买量可能只下降 2%，总收益的增加还是很可观。

而另一方面，像德芙巧克力、出国旅游以及一些非必需的奢侈品，需求弹性就非常高了：只要价格上涨，人们随时可以买其他品牌的类似产品，或者干脆不买算了。像这种产品，除非整个行业通胀，否则随意提价，分分钟损失大批用户，可能还要亏钱。

可以想见，像盐、水电、火车票这种需求弹性低的商品，通常都有如下特点：一般都是生活必需品，没有替代品，产生于垄断行业，或者说有极强的品牌黏性。

根据世界卫生组织 2012 年的报告，烟草也属于弹性度非常低的“刚需”产品。在多数发达国家，一盒烟的价格每增加 10%，购买量只降低 3% 到 4%。

烟草几乎没有替代品，吸烟又容易上瘾，因此，即使价格上涨，吸烟的人还是只能照单接收。在石油价格开过山车、金融系统牵一发动全身、房价忽涨忽跌的今天，庞大的烟草行业绝对可以称得上是定心丸般的存在。

替国家省钱，用心良苦

增加税收、拉动消费固然是好，不过它们并不是烟草业最重要的作用。大部分人都忘记了烟民们对于国家财政最大的贡献：他们死得早。具体来说，烟民不仅死得早，而且还死于相对便宜的病。

死得早，可以少领几十年退休金。同时，烟民一般最易得的肺癌，发病率高，死亡率不仅高而且快，相比于糖尿病、心脑血管这种需要不断吃药、治疗、动手术的慢性病，总体上花的钱要少很多，给医保系统减轻了不少负担。

一个吸烟的人，虽然容易生病、需要治疗，但是治疗时间不长、花费不高，总体来讲远比一个健康的、按月领退休金的长命百岁的老人花钱少。根据瑞典和芬兰的一项针对 1 976 名男性的调查，尽管活着的时候，吸烟者会比不吸烟者每人每年多花 1 600 欧元的医疗费用，但是因为他们平均少活 8.6 年，所以每个人一辈子反而能省下 4 700 欧元的医药费。

同时，吸烟者还会比不吸烟者少领 7.6 年的养老金，这样综合算来，每个吸烟者一生对于国库的贡献，超过 13 万欧元。

况且活得短，不仅可以省钱，更是综合缓解人口老龄化的绝佳方案：人口老龄化最严重的日本，65 岁以上的人口已经超过总人口的 25%，给社保、医保、劳动市场都增添了巨大的压力。而人口老龄化的原因，不外乎出生率的持续降低和人民寿命的不断增长。

当然，中国的医疗保险和养老制度还在建设中，所以目前还没有类似的调查，但是随着越来越多的地区学习西方社会的福利和养老体系，呈现出相似症状早晚也是可能的事。

原来烟民们一面年年给国家增加税收，一面还在矢志不渝地给医疗和养老系统省钱！

为什么有的国家特别喜欢集体表演？

关心国际大事件和喜欢凑别人家热闹的各位会有这样一种感觉：有些国家搞活动喜欢宏大、整齐划一的表现形式；而有些国家则习惯了自由散漫，各干各的，最要紧自己开心。

同样都在一个星球生活，为什么对搞活动的要求差别这么大？为什么有些国家如此钟爱整齐划一的集体表演？

集体主义是人类的本能

如果说自私是人类的本能，那么集体主义也是人类的本能吗？

当然是。

在远古时代，个人无法面对严酷环境的挑战，只有集体合作才能生存。集体意味着安全。于是，人们被进化设定为关心集体的利害得失，比如部落的食物够不够吃，在跟其他部落的战斗中能不能取胜，是不是打遍附近洞穴的原始人无敌手。

这种集体的认同感，会让个体的人做出不符合个人利益，但对集体有好处的行为，比如在饥荒时老弱为青壮成员节省口粮，在战斗时牺牲小我等。

这种本能根深蒂固，集体的美和力量展示能够让人产生激动、愉悦、自豪的情感，产生作为集体一员，自己也变得很强大的错觉。

这种强烈的集体认同感，可能比我们想象得要小很多。进化心理学家罗宾·邓巴曾经做过一项研究，一个人的社会关系一般是150个人。这个数字被称为“邓巴数”。

邓巴发现，一个英国人寄出圣诞贺卡时，收到贺卡的家庭总人口差不多都是150人上下。人类学家的研究也验证了这个数字，现存丛林社会的部落也往往以150为平均数。在发表于1992年的论文中，邓巴提出了一个研究结果：人类大脑皮层所能够处理的群体上限是147.8人。也就是说，超过150人，人类的大脑就没法让我们跟他们建立比较亲密的关系了，更不要说产生集体认同感。

不过，这并不妨碍人们在面对“想象的共同体”时，在本能驱使下产生对“150人部落”同样的感情：对集体力量和美的崇拜。

团体操的催眠术

在提倡集体主义的氛围之下，大多数艺术创作是一种国家权力意志和集体利益的体现。

团体操可以说是集体主义美学的一个典型例子。单个人显然不能产生可审美的团体操艺术形象，人们观看一场团体操表演时，并不是在看个人在集体中的移动，而是在欣赏由集体队伍调动形成的各种构思奇妙的图案，感受整齐划一、动感有序的场面。因此在团体操创作过程中，编导们也都是把集体而非个人作为编排单位，个人只是其中的乐高零件。

举个例子，坦桑尼亚建国 50 周年庆典上的大型团体操表演，主题是“欢庆独立”“国防建设”“健康环保”“经济建设”和“文化艺术”。其中表现“国防建设”的章节，560 名坦桑尼亚青年组成了整齐划一的操练队列，进行刺杀、格斗的动作表演，并用人体搭成金字塔，展示出强大的视觉冲击。

苏珊·桑塔格曾经描述过集体主义美学登峰造极时的场面：“成群集结的人；人向物的转换；物的增多以及人与物，均围绕一个无所不能的，有催眠术的领导人或领导力量集结……中心是强大的力量和它的傀儡之间的狂热交替。”

这种表演，目的当然跟其他艺术形式不同。一般的艺术，“一千个读者有一千个哈姆莱特”，希望每个人能够产生自己独特的理解和感受。而集体主义的“团体操”，目的是用整齐划一的动作和队列，激起大众整齐划一的感受，然后兴奋起来。

当然，其最终目的不是希望你兴奋，而是在兴奋的同时，产生要为这么了不起的集体贡献一切的感情。

哪些国家最擅长集体表演？

世界上最早搞团体操表演的，是哪个国家？

正是有强迫症天赋、发明了正步走的德意志人民。

19 世纪时，德国“体操之父”阿特尔夫·施皮斯发明了团体操的练习法，在统一号令下进行有秩序的动作和队列。由于团体操能够很好地发挥指挥效果、提高人的服从意识，这种训练理所当然地被军队借鉴去了。

到 1862 年，奥匈帝国统治下的捷克人民谋求民族自强，把团体操作为锻炼民众体魄、意志和纪律的一种方式大为推广。捷克也因此被称为世界上最擅长团体操表演的国家之一。捷克首都布拉格有一个斯特拉沃夫体育场，建于 20 世纪 20 年代，能够容纳 25 万人同时观看 1 万人进行的团体操表演。

20 世纪后半叶，在团体操舞台上大放异彩的还有苏联、民主德国、墨西哥、朝鲜。唯一擅长这项运动的资本主义国家是日本。

最知名的团体表演非朝鲜的《阿里郎》莫属，10 万人的团体操把每个人都变成了一个像素点，除了这样弱化个人突出集体的意识形态特色外，如此耗时耗人耗力的文艺表演，恐怕也是其他任何国家都难以做到的。

当然，这其中也有一些做得不好的反面案例，如 2010 年南非世界杯的开幕式上，由众人拼起来的代表本届世界杯 logo 的旗帜不仅非常不整齐，中间还因为有一人没来而导致了旗子空出一块的情景。更加典型的反面案例是 2012 年伦敦奥运会的开幕式，这乱糟糟如自由市场一样的场面，着实令人有些尴尬。

为什么皇帝要用宦官？

提起宦官，大家都想到了谁？司马迁、郑和还是魏忠贤？虽然我们印象中有名的宦官都出自中国历史，实际上，这可绝不是中国特色，在世界历史上，宦官群体都曾留下了重要痕迹。

今天我们就来说说中外历史上有名的宦官们。

宦官位高权重，因为他们起点比一般人高

东汉前的宦官是指供侍于内宫之人，既有阉人也有健全人，后“宦官悉用阉人”，宦官这才和阉人等同起来。明朝时“太监”是宦官头子，到了清朝宦官被取消，一律称为太监。

早在西周时期，《周礼》《礼记》中记有奄人、奄士等官职，形成一种为宫廷服务的宦官制度。但既然宦官制在西周就已经是一种既定制度，其起源自然要更早一些。

宦官的出现需要两个条件：奴隶和宫刑。父系氏族晚期战争规模扩大，战俘也越来越多，人们意识到比起杀掉他们，拿战俘做奴隶去干活更为划算。《周礼》里说，“墨者使守门，劓者使守关，宫

者使守内，刖者使守囿，髡者使守积”，就是将受不同刑罚的奴隶和罪犯用来干不同的活。其中为部落酋长及其家属服务的奴隶（即“宫者”），为了防止他们与家中女性发生性行为而将其行阉割刑，其性情也变得更顺从。

宦官是在原始社会晚期既出现宫刑，又出现大量战俘变奴隶的情况下才出现的，进入奴隶社会后发展为宦官制度。奴隶制崩溃后宦官制度被封建王朝保留下来，除战俘外，罪犯、民间男童成为新的宦官来源，当然也有魏忠贤、李莲英这样为升官发财自愿做宦官的人。

阉人成为宦官多为皇室和贵族家庭所用，因而能比一般人更接近权力和财富。巨大的生理缺陷使他们成为特殊族类，其信仰和价值观大多异于常人，一旦获得权势后往往会转移为发泄的强大突破口，甚至造成对社会的破坏。

在阉人这个问题上，全世界想到一起去了

阉人并非中国独有，在防止男仆和家中女性发生性关系这点上，全世界的王公贵族都想到了。距今三四千年前，古埃及、古希腊、古巴比伦、印度王国都曾出现过宦官群体。

古希腊历史学家希罗多德就记载了希腊王宫的宦官一事，并指出宦官来源于波斯。而古罗马帝国的宦官更常见，克劳狄乌斯、尼禄、维特利乌斯当政时都有大批宦官当差，尼禄不仅命宦官主持特务组织，监视权贵和百姓，甚至还宣布与一名宦官“结婚”。

拜占庭时代，宦官进一步成为皇帝不可缺少的政治助手。美国历史学家魏特夫指出，“宦官掌权在 4 世纪的拜占庭已经充分形成一种制度”，在当时的 18 等官职中，他们可以担任八级官职和高级将领，不少改革家甚至宗教首领都是宦官出身。

拜占庭历史上，宦官和其他类型官员有很本质的差别。部分上层宦官虽然取得了官员身份，但由于性质特殊，即使是取得了官员地位，仍没有摆脱君主家奴的身份，该伺候主子的还得继续伺候，这点和古代中国的太监相似；而另一方面，曾经被奴役的下层宦官，有朝一日可能平步青云，取得官员身份，这又与一般的奴隶不同。

罗马帝国晚期，宫廷宦官在职业生涯所获得的奖励越来越明显，拜占庭家庭为换取利益去改造亲戚，意大利家庭也为了潜在的利益阉割其子，使之从事宦官职业。

宦官是天使还是魔鬼？

对于宦官与常人不同的身体条件，当时社会上对此进行了一番充分的想象，并形成互相冲撞的观点。

拜占庭文化认为，拜占庭的宫廷是天国宫廷的反射，守护天国的天使与服务宫廷的宦官对应，宦官能进入到普通人无法触及的精神领域。这种文化甚至将宦官和天使联系在了一起。一个拜占庭传说中，一名小男孩遇上了天使，还以为这是来自皇宫的宦官。

但同时，也有人认为宦官是邪恶精神的代表，是恶魔的工具，因为魔鬼的最大特点就是多变，教唆亚当、夏娃不听主的话吃禁果的蛇就是恶魔变的。于是魔鬼这种能以男人、女人和一切动物形象出现的特点，被人们投射到身心都经历过巨大变化的宦官身上。所以，当时社会上出现了宦官身份的教师、医生，虽然取得了社会认同，但也少不了质疑和指责。

和中国的郑和一样，西方也有为国家做出过大贡献的宦官，拜占庭早期的优特皮乌斯是著名的宦官将领，曾指挥军队反抗匈奴。

此外，土耳其、印度、朝鲜、越南等国也曾有过宦官现象。日本学者三田村太助在《宦官的秘密》一书中指出，古埃及常有僧侣将低价买来的小奴隶阉割，然后高价卖到王宫和贵族府第以营生。美国学者希提在《阿拉伯通史》中讲到，8 世纪初，阿拉伯帝国的宦官制度是随着后宫制度一起完善起来的。

从根源上说，太监当然是强权对普通人身体权利无视、践踏的产物，但接近权力中心的被阉割者也会反噬，给皇权和社会带来毁灭性的影响。

中国真的是联合国安理会最爱投弃权票的国家？

我们经常听到中国在联合国安理会投票中投出弃权票的消息，此前一位驻联合国的中国大使还因为中国频繁投弃权票而被戏称为“弃权大使”。中国真的是联合国最爱投出弃权票的国家吗？

投出联合国安理会第一张弃权票的是苏联

联合国安全理事会是联合国中唯一有权采取强制行动的机构。安理会共有 15 个理事国，10 个非常任理事国和包括美、俄（苏）、中、英、法在内的 5 个常任理事国。

众所周知，在联合国安理会的投票程序中，每个理事国都拥有一票。而五大常任理事国都拥有一票否决权。也就是说，只要五大常任理事国有任何一国投反对票，那么决议就不会被通过。

弃权票是在安理会的投票实践中产生的。苏联在 1946 年第一次投出弃权票，这一弃权票既不同意决议草案的通过，也不对这一草案行使否决权。此后，这一程序也逐渐成为了联合国宪章中的一部分，被五大常任理事国接受。

如果五个常任理事国之一对某决议并不完全赞成，但否决又压力太大，就会选择投弃权票。这也就是说，弃权票对决议既不赞同，也不完全反对，用我们熟悉的话说就是持保留意见。

值得一提的是，在 1971 年至 1981 年刚恢复联合国席位的 11 年时间里，中国曾经独创了一种出席会议但不投票的外交行为，这种行为被我国驻联合国大使使用了 70 次之多。据后来解释，我国采取这种“假装自己不存在战术”的主要原因是刚进入联合国，对很多事情还不了解，需要先摸摸情况。

中国爱投弃权票，只是 20 世纪 90 年代的事

那中国究竟是不是联合国安理会中投弃权票最多的国家呢？据统计，1982 年至今，五个常任理事国在联合国安理会决议中投弃权票的次数，中国以 65 次弃权票名列第一，俄罗斯以 56 票紧随其后。英国和美国分别投出 34 票和 33 票，年均 1 票左右。法国最少，30 多年的时间里仅投出 23 次弃权票。

不过，中国并不是一直钟爱弃权票。五大常任理事国的投票情况，受到了国际局势的强烈影响，其中，苏联解体是一个分水岭。

在苏联解体之前，1982 年到 1989 年，最爱投弃权票的是英、法、美三国，他们一共投了 56 张弃权票。苏联投了 12 张弃权票，是倒数第二少的；而中国只弃权了 2 次。

而到了 20 世纪 90 年代，苏联解体了，之前投弃权票较多的

美、英、法三国摇身一变，变成了最不爱投弃权票的。从 20 世纪 90 年代至今的将近 25 年时间中，美、英、法一共只投出 33 张弃权票。

而中国则变成了最爱投弃权票的国家。在 20 世纪 90 年代，中国一共弃权了 45 次，比其他四国弃权次数的总和还多 12 次。这 10 年恰恰是世界对中国关注剧烈增加的 10 年，所以“中国爱弃权”的印象就从这时候开始根深蒂固了，以至于中国在联合国的大使被戏称为“弃权大使”。

弃权等于“你们玩，我就打个酱油”吗？

中国在 20 世纪最后 10 年中大量投出弃权票的原因比较复杂，有国际原因，也有国内的原因。

冷战结束后，以美国为首的西方国家在世界局势中占据主要地位，中国在联合国安理会中的投票决定有时会影响中美关系，但又不能跟西方国家完全站在一边，所以投票就不得不考虑“得罪人”的问题。因此，中国在投票的时候会表现得比较“稳健”，尽量不得罪人。

当然，投弃权票并不代表对议案没有立场。以 1997 年关于组织多国部队进入阿尔巴尼亚的决议草案投票为例，在投票前，我国大使秦华孙曾表示：“阿尔巴尼亚问题有其复杂性，本质上属于阿尔巴尼亚内政，联合国安理会授权采取活动与《联合国宪章》不符；但同时，考虑到阿尔巴尼亚政府尽快恢复局势稳定的迫切愿望，中国不阻拦决议草案的通过。”最终，中国选择了投弃权票。

即使是在这一阶段，如果议案涉及中国的绝对利益，中国也会毫不犹豫地选择行使否决权。1997 年和 1999 年，中国就在两份与台湾问题有关的决议草案中投出反对票，行使一票否决权。由此可见，维护主权和领土完整是中国的原则，没有任何商量的余地。

这些年中国投弃权票的次数少多了

事实上，随着国际局势的变化和中国外交策略的调整，中国对各种问题的态度的表达也日趋明确。

2001 年至今，中国一共投出 18 次弃权票，而同期俄罗斯以 21 次弃权胜出。

从投出反对票的次数我们也可以看出，中国正在更明确地向外界表达自己的态度。冷战结束至今，中国在联合国安理会投票表决中一共投出 8 次否决票，仅比俄、美两国略少。而英、法两国在冷战以后就没再投出过反对票。

由此可见，随着综合国力的不断强大，涉及中国国家利益的问题越来越多，中国的态度也更加明确、更加强硬。但“不得罪人”依然是中国需要考虑的一个问题。

说到底，投不投弃权票，跟国家实力、价值取向都有关系，不能只看眼前利益，把投票当投机。在成为一个负责任大国的道路上，中国也还在“摸着石头过河”。

民主就意味着一人一票选总统吗？

一人一票，听起来公平合理，而且确实吸引人：王子与庶民、富翁与贫民，不管是谁，全都一人一票，人人平等，而取得多数人拥护的那个，就能代表一个国家或者地区，做他们的总统、首相。

可是大家也许没注意，在人们高呼“一人一票”的时候，一人一票制的民主已经几乎从西方国家消失了。

从美国、英国到欧洲一些国家，甚至非洲和拉美那些还正处于民主进程中的国家，民主选举都不是简单的一人一票和少数服从多数。民主制度里有总统制，也有议会制，但不论哪种，都是分选区，由代表人选出国家领袖，是为“代表性民主”。

代表性民主的小分队之一：总统制

譬如 2016 年刚刚尘埃落定的美国大选，若按一人一票统计，希拉里赢得了更多的票数，特朗普却赢了更多的“选举人票”。

所谓的“选举人票”，是来自 50 个选区的共 540 票。50 个选区即美国的 50 个州，每个州按人口比例都有一定数量的“选举人票”，各个州的选民先自己投票，然后再转化为“选举人票”，决定当年的大选结果。

最关键的是，每个选区之内，得票多的那个候选人，不管是以51%的微弱优势还是75%的绝对优势获胜，都将拿走该选区全部的“选举人票”，所以才出现了著名的摇摆州。

对于竞选者而言，将自己在加州60%的支持率提升到75%毫无用处，但如果能把威斯康星州的48%提高到52%，选情就将发生质的变化。

同样地，对于选民来说，在深蓝或者深红州，一个选民投不投票，对大选的结果毫无影响，该赢的党还是会赢；而在摇摆州，每一票都有可能成为左右局势的关键，都至关重要。

在2000年小布什与戈尔的选战中，小布什仅以300多票的微弱优势赢下了弗罗里达州。

总统的选举按选区投票，美国的国会议员更是如此。

参议员每个州选2名，众议院的议员则来自比州划分得更小的郡县——一共435名众议员，分别代表着自己家乡的那一小片地。而被选出来的议员们，整日都会收到来自自己选区选民的电子邮件、电话和到访。选民当初选了他，自然纷纷来要求议员在国会山上替自己撑腰，为自己办事。

实行总统制的除了美国，还有巴西、墨西哥以及许多战乱后重建或者刚刚取得自由独立的新近民主国家。这些国家的总统由全国人民按选区投票选出，国会议员则由自己所在的州或者郡县投票选出。总统、国会各选各的，经常一党占据总统府，另一党把持国会，相互制衡。

代表性民主的小分队之二：议会制

除了总统制，还有另一种稍有区别的代表性民主制度，以英国和欧洲其他一些国家为代表，称为议会制。

议会制下的议员选法和美国的国会差不多，也是各个州、郡、县投票，得票多的选为该选区的代表。

议会制与总统制最大的差别在于领袖的产生：议会制国家的首相，是议会推举产生的；各个选区只选自己的代表，然后这些代表到了议会，再集体表决产生首相。而在现代的党派政治中，取得议会多数席位的党，自然会一致推选自己的党主席做首相，也就是说，老百姓选议员就是在选首相，两个过程几乎分不开。

这样一来，首相和议会多数党永远在同一战线上，所以议会制的选举，属于“一赢赢所有”的类型，不同于总统制的国家里，赢得白宫的党未必赢得国会，往往很难达成上下两院和白宫都同属一个政党。

总统制和议会制各有优劣，但是如出一辙地都是代表性民主制度，通过选区选举国家领袖和议会代表。

那么，与代表性民主相反的、一人一票的直接民主还存在吗?

事实上，一人一票的直接民主，古希腊发明之后用了一阵，而到现今只有极少数国家，譬如列支敦士登这样的地方，有时还会用一用直接民主。除此之外，近年来忽然挂起的流行风气，是在面临国家存亡的重大决定时，一些欧洲国家会举行公投，像苏格兰独立公投和英国的脱欧公投，就不考虑选区，纯粹一人一票，按多数人的意见办。

代表性民主和一人一票的直接民主，到底哪个更公平？

实话说，公平是一个感性而难以量化的标准。

以美国选举的选区而言，一人一票的选举会使竞选人只扎堆在加州、纽约这些人口稠密的地区，而选区制度则使那些人口少的小州虽然票数少，却也可能成为改变风向的重要力量，可说是地域性的公平。可是获得了更多的大众选票却阴差阳错在“选举人票”上败选，落败的一方确实也败得很窝囊，难免要让人质疑选区的公平性。

公平与否是一个政治选择，但若看看欧洲国家公投的效果，就不难理解为何直接民主在现代社会里已销声匿迹了。原因很简单：现代经济社会的复杂程度和职业化程度，令非专家的普通公民很难做出最优的集体决策。

大家试想一下，若是一个人生了病，不是太严重，但也需要看医生，是该全家人一人一票来决定治疗方案，还是全家人先共同选择一个信得过的医生，再由医生出治疗方案？代表性民主里的代表，就是这里的医生。

从这种意义上说，公投是政府逃避责任的表现：试想如果你的医生有一天让你自己决定如何治疗——可是我不是医生，你才是医生啊，我们付了钱，难道不是为了听你的专业意见？同样地，人民选出来的自己州、县、郡的代表，拿着工资，炫耀着自己的执政经验，却把做关键决定的责任推给老百姓，还美其名曰“让人民自己当家做主”，岂不是太不负责任？

人民币什么时候能超过美元？

2015 年 11 月 30 日，国际货币基金组织宣布，将人民币纳入特别提款权货币篮子。国内舆论认为，此次“入篮”的重要性可以比肩 14 年前的“入世”——加入世界贸易组织。

对大多数人来说，国际货币基金组织、特别提款权等词听起来跟“我们所处的宇宙是九维空间中的三维膜”等论调差不多。

一些人因此产生了误解，是不是意味着从此出国可以揣着人民币到处撒钱了？是不是离人民币超过美元的日子不远了？

加入特别提款机，有意义，但主要是象征的……

人民币加入后，新的特别提款机货币篮子包括美元、欧元、人民币、日元、英镑，从下图的数据我们可以看出，其中人民币权重占据第三位。

这么一看，人民币似乎已经成为世界第三大货币。

各国货币在提别提款机中的权重示意图

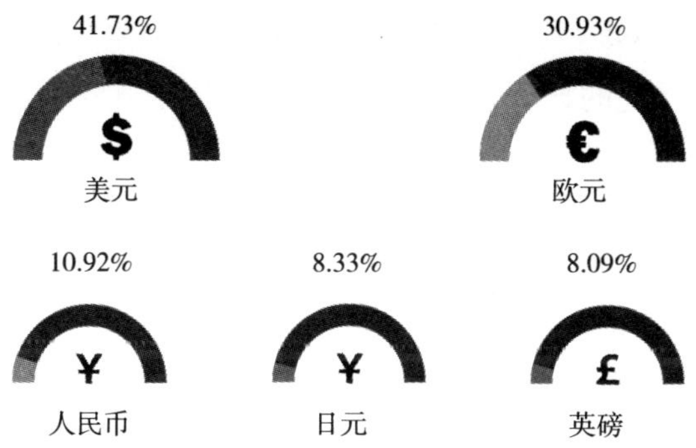

当然，我们首先要承认这个结果的意义还是很重大的。

这首先代表着国际社会对经济发展和改革开放成果的肯定，对中国经济和金融地位的认可。

其次，这代表着人民币可以名正言顺地成为国际货币基金组织180多个成员国的外汇储备货币，在世界范围内行使货币职能，在贸易、金融交易和投资中有更广泛的使用。

再者说，人民币作为特别提款机中的第一个新兴经济体货币，象征着新兴市场在国际贸易和金融中的更大话语权。

离跟美元竞争，还差得远呢

通俗地讲，特别提款机是国际货币基金组织发行的一种“特殊货币”，有以下几个特征：1. 只有各国央行能持有；2. 只能用来记账或买美元、欧元、人民币、英镑、日元等硬通货，不能用来购物；3. 不在各主权国家内使用；4. 价格由篮子货币加权确定。

人民币“入篮”并不意味着它一夜之间冲出中国走向世界了。一些人对这个成绩欢欣鼓舞是可以理解的，但是一下子就想过上拿人民币当美元花的日子，的确不切实际。以下几个常见的认识错误需要澄清：

误区一：出国不用换汇。各国境内仍使用自己的货币，美国人来中国还得换人民币呢！

误区二：人民币贸易支付量会大幅提高。贸易支付与特别提款机完全无关！特别提款机只由各国央行持有，贸易企业无法使用特别提款机进行支付，因此人民币“入篮”不会直接提升其贸易支付量。

误区三：人民币外汇储备会大幅提高。要知道，97% 以上的外汇储备和特别提款机无关！目前特别提款机总量约为 2 850 亿美元，仅占全球外汇储备总量的 2.5%，即使各国“众志成城”，把特别提款机全部换成人民币，也不会直接导致人民币外储的大幅增加。更何况实际上，各国不一定愿意换人民币，此前普遍也只把特别提款机换成美元或欧元，很少换为日元或英镑。据专家估算，即便人民币占到特别提款机货币篮子 15% 的权重，在全球外汇储备大概也只会增加 1%，实际影响十分有限。

误区四：人民币将赶超美元。要知道，人民币只不过是加入了特别提款机罢了，并不是自己搞出了新的“布雷顿森林体系”。要知道，特别提款机创设于 1969 年，却至今也没发挥太大作用。为什么？因为有美元。

美元依然是最“硬”的世界货币

人民币赶超美元并非没有可能，但是这需要政治地位、经济地位、金融地位等的整体提升，路漫漫其修远兮，“入篮”连一小步都不一定算得上。所以，接下来要怎么办？

总的来说，形势是好的，不是小好，是大好。

近年来人民币在国际市场上确实越来越受宠。国际贸易方面，人民币在全球支付货币中占比 2.9%，排名第 4；外汇储备方面，人民币被全球 37 个央行类机构纳入外汇储备，占比 1.9%，排名第 7。同时，人民币已经成为全球第 2 大贸易货币，第 6 大交易货币。

但人民币国际化，还有一些问题。单就此次加入特别提款机货币篮子来看，人民币就因为并非“完全可自由兑换”而备受争议。

目前，人民币尚未实现资本项目下的可自由兑换。例如，目前境内投资者不能直接把人民币换为美元购买美股，境外投资者也不能直接把美元换为人民币购买 A 股。

为了“照顾”人民币，国际货币基金组织将考量标准从“可自由兑换”改成了“可自由使用”，并认为中国对于人民币在国际经济交易中的广泛使用程度做出了足够努力。为了把人民币拉进来，降低一下门槛也不是不可以的。

而人民币一旦踏入国际化，就得不断放开对利率和汇率的管制，让人民币的兑换市场化。当然，这也带来了一些风险，比如跨境国际资本大进大出，金融风暴等，这就是对中国金融风险管理水平的考验了。

前国际货币基金组织中国部主任普拉萨德表示，只有在推行经济改革和资本账户开放的前提下，中国妥善利用人民币加入特别提款机的契机，人民币才有可能在未来的 10 年、20 年成为一个重要的全球储备货币。

图书在版编目（CIP）数据

所谓成长，就是认知升级：低配的人生，需要一个解释 / 壹读著 . -- 南京：江苏凤凰科学技术出版社，2018.11

ISBN 978-7-5537-9163-0

Ⅰ . ①所… Ⅱ . ①壹… Ⅲ . ①人生哲学－青年读物 Ⅳ . ① B821-49

中国版本图书馆 CIP 数据核字（2018）第 080229 号

所谓成长，就是认知升级：低配的人生，需要一个解释

著　　者	壹　读
责任编辑	沙玲玲
责任校对	郝慧华
责任监制	曹叶平　周雅婷
出版发行	江苏凤凰科学技术出版社
出版社地址	南京市湖南路 1 号 A 楼，邮编：210009
出版社网址	http://www.pspress.cn
印　　刷	南京玉河印刷厂
开　　本	718mm × 1000mm　1/16
印　　张	21
版　　次	2018 年 11 月第 1 版
印　　次	2018 年 11 月第 1 次印刷
标准书号	ISBN 978-7-5537-9163-0
定　　价	45.00 元

图书如有印装质量问题，可随时向我社出版科调换。